歴史文化ライブラリー

445

鯨を生きる

鯨人《くじらびと》の個人史・鯨食の同時代史

赤嶺 淳

吉川弘文館

目　次

本書を、二〇一五年一二月二七日に永眠された個人史研究と食人類学の巨匠
シドニー・ミンツ（Sidney Wilfred Mintz）教授に捧げます。

個人史と同時代史――プロローグ

本書は、広義の捕鯨産業に従事してきた、あるいは現在も従事している人びと――鯨《くじら》人《びと》――の個人史の聞き書きと、そうした人たちが生きてきた時代を「クジラ」を通じて叙述することを目的としている。

鯨人とは、奥海《おくみ》良悦《りょうえつ》さんへのインタビューの最中に耳にしたことばである。奥海さん自身が語るように、「鯨とともに生きてきた人」をさす。

いわゆる「捕鯨問題」と称される一連の問題群については、生態学から江戸時代の捕鯨組織（鯨組《くじらぐみ》）に関する歴史研究、現代の国際関係論にいたるまで、先達による厖大な蓄積がある。そのような課題群について鯨類学者でも、歴史学者でも、国際政治学者でもないわたしが、いかなる貢献をなしえるのか？

わたしが「捕鯨問題」に関心を抱く理由は、以下の三つである。まず、なんといっても鯨肉が好きだからである。本書でもたびたび言及することになるが、統計上、日本人は、ひとりあたり年間に鯨肉を三三グラムしか食べていない。しかし、わたしは、少なくともその五〇倍は食べている。定番の刺身や竜田揚げ、ベーコンは当然のこと、白手物《しろてもの》（皮・脂肪）にウデモノ（茹でもの）と総称される内臓（ホルモン）も大好きだ。

大分県の盆地で生まれ育ったわたしは、なにも幼少期から鯨肉を食べてきたわけではない。一九六七年（昭和四二）生まれということもあり、学校給食で鯨の竜田揚げを食べた記憶もさだかではない。鯨肉を好んで食べるようになったのは、食と環境の研究に従事するようになった、この二〇年ほどのことだ。

わたしもイルカやクジラをかわいいと思う。しかし、だからといって「かわいそう」といった動物愛護思想は、正直いって理解できないところがある。ましてや一部の過激団体の、「『正義』のためには暴力もやむなし」とする考えなどは、けっして支持できるものではない。とはいえ、グローバル化時代の今日、ことなる価値観を持つ人びとの意見にも耳をかたむけ、たがいに妥協点を見出していく必要性も自覚している。

このように「捕鯨問題」は、現代社会における異文化理解の格好の題材でもあるし、今後、世界の食料事情が逼迫することが予想されるなか、食の安全保障と水産資源の持続的利用に直結する課題でもある。これが、なんら食料生産に携わらないわたしが、「消費者」として捕鯨に関心を寄せる第二の理由である。

理由の三点目は、産業史的関心である。まだ十分な俯瞰図を描けるにいたっていないが、北洋におけるサケ・マス漁、カニ漁や南洋におけるカツオ・マグロ漁同様に、捕鯨は日本の水産業の近代化を語るうえで無視できない産業である。北洋にしろ、南洋にしろ、南氷洋にしろ、それらはいわゆる手つかずの「フロンティア」漁場だったわけであり、そこに経済的要因と軍事的動機がかさなり、国策的に大資本が投入され、開拓が促進された。その過程と結末を、「日本の近代化」という視点から考察してみたい。そこには「野生生物（水産物）の持続的利用と環境保全」という現代的な課題も、当然ふくまれる。

国際捕鯨委員会（ＩＷＣ）による商業捕鯨の一時停止をうけ、国内におけるミンククジラなど対象種の捕獲が中断したのは一九八七年（昭和六二）末である。この昭和末期とのタイミングから、「捕鯨は『昭和』の話」と一笑に付す人もいる。捕鯨など、「時代遅れ」で、「ノスタルジーにすぎない」というわけだ。

しかし、わたしはそうは思わない。戦後も七〇年を過ぎ、憲法改正が論じられ、日本社会が大きな転換を迎えようとしつつある今日だからこそ、「捕鯨問題」を通じて日本の戦後の歩みを考察し、その将来を見据えることも可能なはずだ。そもそも連続するはずの歴史を、「昭和」と「平成」で区切り、すべてを精算しおえたような気でいる歴史感覚こそが、問題視されてしかるべきである。

そう。わたしは捕鯨問題を考究したいのではなく、捕鯨を通じて現代社会の複合性を明らかにしたいのだ。手はじめとして、ここ三年間ほど日本各地を訪問し、捕鯨産業に従事してきた人びとの個人史の採録をつづけてきた。本書におさめた六名の個人史は、その一部である。個人史に着目するのは、捕鯨の花形ともいえる砲手さんの自伝や伝記をのぞけば、当事者の声が少ないと感じるからである。あれだけ巨大な産業である。砲手さんだけの人生をもって、鯨人を代表させるわけにはいくまい。捕鯨者の帰宅を待つ家族、船上で鯨体を解剖する人、南氷洋を出稼ぎの場とする人、あるいは日本国内で鯨肉を売る人、加工する人、料理する人など、さまざまな鯨人がクジラによせる思いを訊いてみたいと考えたわけである。

個人史に解説を附すのは、おこがましいかぎりである。しかし、わたしは、あえて試みることにした(第三章)。それは、ことなる地域で、ことなる職種に従事した六名の語り手が生きた時代を、より長い時間軸にそって、ほかの政治経済的要因との関連で描いてみたいとの思いからである。一九五四年に南氷洋へ出漁した池田《いけだ》勉《つとむ》さん(一九三三年生まれ)を筆頭に、奥海良悦さん(一九四一年生まれ)は一九六〇年、和泉《いずみ》節夫《せつお》さん(一九四六年生まれ）は一九六四年に南氷洋へ出漁している。岡崎敏明《おかざきとしあき》さん（一九四一年生まれ）は、一九六一年から北九州市の旦過市場《たんがいちば》で鯨肉を売ってきた。おなじく一九四一年生まれの常《つね》岡梅男《おかうめお》さんは、一九五九年から林兼産業で鯨肉入り魚肉ハム・ソーセージを製造してきた。一九四三年生まれの大西睦子《おおにしむつこ》さんが、大阪で鯨肉料理専門店を開いたのは一九六七年のことである。おりしも池田さんが船を降りた年だ。むろん、大西さんの開業と池田さんの下船は、まったくの偶然にすぎない。しかし、捕鯨史という巨視的観点に立てば、なにかしらの関係性は見出せるにちがいない。

国家や国際関係と無関係にわたしたちは生きることはできない。したがって個人史のなかには社会の変化が凝縮されているはずである。本書の主要舞台のひとつとなる一九五〇年代後半から六〇年代前半は、いわば日本の南氷洋捕鯨（南鯨）の黄金期でもある。同時に日本列島が高度成長で沸いた時代でもある。大量生産・大量消費をキーワードとする高度成長を契機として、わたしたちの生活は、どのように変化したのであろうか？　また、調査捕鯨がはじまった八〇年代後半、日本はバブル経済にうかれていた。そうした日本社会の激変ぶりを、鯨人はどのように見つめていたのであろうか？　それが、本書の執筆動機であり、大胆にもタイトルの一部に「鯨食の同時代史」と名づけた理由でもある。

まがりなりにも「史」を名のる以上は、ときの流れにそった変化を丁寧に検証しなければならぬはずである。だが、それは現在のわたしには、手にあまる作業である。それでもあえて「同時代史」を附したのには、それなりの理由がある。高度に政治問題化している捕鯨を、「食べる」という生活の基本に着目し、自分自身の問題としてとらえなおしてみたいと考えたからである。

そのための方法論的試みとして、新聞記事を活用してみることにした。内容はもちろんのこと、記事の見出しや文体などに、鯨人が生きた時代の「空気」が流れていると感じたからである。資料の引用にあたっては、本書の性格上、旧字を新字にあらため、数字を単位語（十、百、千など）をつけない漢数字に変換し、かつ適宜、句読点を補った。／は原典での改行をあらわしている。傍点は、いずれも引用者によるものである。

こうした意図を持つ本書は、以下の構成からなっている。第一章では、捕鯨現場で働いてきた人びと三名に個人史を語ってもらう。つづく第二章では、捕獲された鯨を国内で販売・加工してきた人びと三篇の個人史を紹介する。第三章では、冒頭に述べた三つの動機を念頭に、「消費」（鯨を食べる）という視点から、戦前から戦後にかけての日本の捕鯨について叙述し、日本社会の変容過程を跡づけてみたい。

第三章の第一節では、「スーパーホエール」という概念を紹介し、本書が鯨種にこだわる必要性を説く。そのうえで一七世紀の日本列島で生じた「鯨革命」の様子とその文化史的意義について解説する。つづいて捕鯨の多様性を概観したのちに現在の日本でおこなわれている捕鯨について略述する。

「銃後の鯨肉」と題した第二節では、まず『鯨肉《げいにく》調《ちょう》味《み》方《かた》』という一九世紀に現在の長崎県で発行された鯨料理レシピ集を題材に、江戸時代に発展した鯨食文化の秀逸さを吟味する。他方、そうした鯨食文化は日本列島の一部で発達したもので、太平洋戦争期にいたるまで鯨食慣行が列島全域を覆うものではなかった点を指摘し、戦後の「国民総鯨食時代」開幕前夜の鯨肉消費事情を通観する。わたしの理解では、戦前の南氷洋捕鯨（南鯨）における鯨肉生産は、主として東京を中心とした都市民のための、「戦時下の代用肉」の供給を目的としていたというものである。ここで注意すべきは、当時の捕鯨は南氷洋ばかりではなく、沿岸でもおこなわれていたのであり、それらの鯨肉は、おもに大阪以西の西日本で嗜好されていたことである。おなじ捕鯨の範疇に属するとはいえ、南鯨と沿岸捕鯨を区別して考えることは、戦前・戦後を問わず、現在でも大切な視点である。

「国民総鯨食時代」と題した第三節は、文字どおり、戦後直後の食糧難の時代から高度経済成長期にいたるまで、鯨が全国民的に消費された時代を対象とした。この時代にわたしたちが食べたのは、鯨の竜田揚げや鯨カツだけではなかった。鯨油製のマーガリンや鯨肉入りの魚肉ハム・ソーセージを、意識するとしないとにかかわらず、わたしたちは消費していたのである。いわば、「見えざる」鯨の恩恵を享受していたわけである。

第四節は、「稀少資源化時代の鯨食文化」と題し、調査捕鯨時代に鯨食文化が変容する様子を描いてみたい。戦後の「国民総鯨食時代」は、たしかに量的に鯨が消費された時代であった。しかし、列島各地には、そうした時代の動向とは無関係に「伝統」的に鯨を多様に食べてきた地域がある。そうした個々の地域で育まれてきたローカルな鯨食文化は、鯨肉が稀少化するにつれ、全国（ナショナル）化していくようになった。その動態を鯨舌（サエズリ）料理を事例に叙述する。

鯨を捕る

上より奥海さん、和泉さん、池田さん

鯨ど海に取り憑かれたんだっちゃ

奥海《おくみ》良悦《りょうえつ》さん　昭和一六年（一九四一）、宮城県石巻市（旧牡鹿町）鮎川生まれ。極洋捕鯨株式会社にて昭和三五年（一九六〇）から南氷洋捕鯨に従事。平成一四年（二〇〇二）に共同船舶株式会社を調査母船日新丸製造長で定年退職。その後、鮎川（春期）と釧路（秋期）でおこなわれる北西太平洋鯨類捕獲調査（沿岸調査）の員長をつとめている。

解剖一筋の人生

わだしの人生は解剖一代っていうか、解剖一筋でやってきたんだね。鯨人《くじらびと》どがってもいわれたりするんだけっども、要するに鯨とともに生きてきたのさ。最初にマッコウクジラを解剖してから、最低で一三万頭、最大で一五万頭の鯨を解剖した計算なんだね。

南氷洋に行ったのは昭和三五年（一九六〇）、極洋捕鯨っていう会社の第二極洋丸。極洋捕鯨は、昭和四六年（一九七一）に株式会社極洋になったんですね。そして、昭和五一年（一九七六）に捕鯨会社六社が統合なって共同捕鯨（日本共同捕鯨株式会社）っていう会社になったどき、この会社に入社しで。今度、共同捕鯨が共同船舶（共同船舶株式会社）なったでしょ？　昭和六二年（一九八七）の一一月さね？　で、そこを平成一四年（二〇〇二）一二月三一日に定年退職しだの。*

＊奥海さんの船員手帳によれば、この四二年間に合計七一航海、のべ一万四〇五日を船上で過ごしている。途中、海を離れた期間もあったものの、平均で年間二四八日乗船していた計算となる。

もう六一歳だったたし、鯨の仕事をしないつもりで、鮎川に帰って来たんですよ。南極とか北西太平洋っていうのは、かなりきつい仕事なんだね。身体《からだ》が環境についていがれないの。したら、「戸羽捕鯨っていう会社が鮎川にあって、そこの社長が、「遊んでないで、わたしの会社、手伝ってけろ」って、この会社に工場長で入っだの。ところが今度、平成二〇年（二〇〇八）に戸羽捕鯨ど石巻のA＆Fっていう捕鯨会社が合併なって、いま鮎川捕鯨なってけっども、そこで四月から一〇月まで働ぐようになって。おもに鮎川と釧路の沿岸調査ど、ツチクジラ。*いま、七四歳になろうとしてっがら、この仕事七五歳までやったら、一区切りつけようかな、ってね。老兵は消え去るのみだがら、ね。

＊第二期北西太平洋鯨類捕獲調査（ＪＡＲＰＮⅡ）には、鮎川と釧路を基地におこなわれる沿岸調査と調査母船日新丸が参加して実施される沖合調査の二つがある。ツチクジラはＩＷＣ管轄外

図１　調査捕鯨母船「日新丸」（日本鯨類研究所提供）

の鯨種であり、現在、日本国内で年間六六頭が商業的な捕獲枠として設定されている。

いまは沿岸調査の員長っていう職務をまかされています。員長っていうのは、母船でいえば製造長で、鯨の段取り屋さん。鯨の仕事っていうの、むかしから「段取り七分」どか、「段取り七分、仕事三分」どがって、いわれてるんだけっどもね。要するに、段取り悪いど、仕事できないのさ。船乗りって、そういうのがあるんだね。そのときなって、縄なったりしてるど、すべてが後手、後手なるでしょ？　先を読まないといけないのさ。

分をわきまえる

中学校出るどき、「集団就職に行げ」って学校からいわれたの。あの頃、集団就職、学校推薦だしたのさ。わだしの同級生も、一〇人も、一五人も、集団就職さ行ったの。でも、わだし、集団就職、行がながったの。キョウダイもいたでしょう？　だから、鮎川に残って、働いたの。黒崎農場って、もともと戦争末期に捕鯨船に生鮮食品だの、食糧だのを補給するために拓いた農場だったのさ。畑開墾しで、牛飼ったりしで。戦後は満蒙から帰って来た人だの、復員兵だのがやってたのさ。そこの売店に勤めだの。あど、日本近海捕鯨でも働いで。

それまでオットウが病気して寝でやったがらね。オットウ亡ぐなって、船さ乗ったの。わだしの従兄が極洋にいたし、船で製造長してた人も、オットウの友達だったんだね。だから、かれこれ五五年、解剖やってるっていうことだね。

わだしの生き方っつうのは、「自分の分をわきまえよ」なんだよね。学校出てないごとだって、なにも恥ずかしぐないの。たまに字なんか読めなぐても、恥ずかしいわけでない。学校出てないんだから。辞書で調べればいいんだから。そうでしょ？　われわれみたぐ貧しぐて、親をたすけなぐないなって思ってた子ども、あの時代、多かったんでないの？だから、恥ずかしいことでもないし、不幸でもない。生まれたところの環境だから。そのなかで人生、一生懸命、生きてきたっていうだけ。

見て盗む

商業捕鯨時代のよき先輩、先達どか、お師匠さんだちは、すごい技、持ってたもんだよ。一流の解剖なったら、神業みたぐ包丁、切らしたの。でも、先輩だちは、いまの、われわれみたいに教えなかったよね。「見で、盗め」っていう感じで。だから、足の親指に力をいれて包丁使えるようになるまでは、自分の努力でないがね？　あれだけ大きな鯨っていうのは、腕だけで切ったって、切れっこないよ。柔道の選手といっしょで足の親指にタコできるぐらいに足さ、力いれないど、包丁、切れんさ。

わだしなんか入ったときは、シロナガスも捕ってたし、大マッコウも捕ってたでしょう？* 体長なんか、マッコウで一七メートル、シロナガスも三〇メートルぐらいのまであったがら。あどはナガスクジラにイワシクジラ。大西洋のホッキョククジラどがはやったごとないけど、大半の鯨は解剖やってるよね。

＊　南氷洋においてシロナガスクジラは一九六四／六五年漁期、マッコウクジラは七九／八〇年漁期より捕獲禁止となった。なお、ザトウクジラは六三／六四年漁期より、ナガスクジラは七六／七七年漁期より、イワシクジラは七八／七九年漁期より、それぞれ捕獲禁止となった。

商業捕鯨時代は、シロナガス、ナガス、イワシ。イワシっつうのは、いっぱい捕ったよ。商業捕鯨の後半なってがら、ミンククジラね。ミンク船団っていうの、だしたんだよね。採算ベースにあう、あわない別にして、最初の南極海のミンク船団、三〇〇〇頭、捕ったんだよね。*

＊　日本の捕鯨船団がミンククジラ操業を本格的にはじめたのは一九七一／七二年漁期からで、同漁期に三〇一三頭のミンククジラを捕獲した。なお、翌七二／七三年漁期からBWUを廃止する

とともに、鯨種ごとの頭数制限（ナガス一九五〇、イワシ五〇〇〇、ミンク五〇〇〇）、マッコウクジラの雌雄別規制も導入された（♂八〇〇〇、♀五〇〇〇）。以来、ミンククジラについてはおおむね三〇〇〇頭台の捕獲枠があったものの、八四／八五年漁期から最後の商業捕鯨となる八六／八七年漁期までの三年間は一九四一頭であった。

包丁で切らす

包丁で切るんでねぐ、包丁で切らすっていうのは、むずかしいのさ。鯨は銛で捕るでしょ？　すると体内に銛も入ってるわげ。これをカチンって切ったどき、銛か骨か、刃でわきまえるようになるまで、時間かかるさ。素人だと、刃先が銛に当だっても、骨だと思って、ギュとしたら、包丁、切れなくなるっちゃ。

わだしみたいになっど、骨に当だったら、身体が反応しで、それ以上、行がないように刃先がパッと止まんの。剣術だったら、寸止めだね。無理にグイグイってやるど、包丁の全部が駄目になっちゃうの。だから、カチンと当だったら、寸止めみたぐ、パッと包丁止まるようにならないど、一人前の解剖でないのさ。その域まで到達するには、五年や一〇年はかかるよね。

こういう職人集団って、一〇人なら一〇人で、包丁に対する気ってのがね、気持ちが、切らす人ど、切らさない人ど、みなちがうの。おんなじ包丁持っでも、ね。

あれ、性格もあんのがね？　やっぱり、熱意だけでは、切れないんだよね。包丁で切らすんではねぐ、身体で切らしている。余計な力をいれるっていうことは、それだけ自分の体力を消耗させることだから。一頭で終わるんだら、いいよ。調査捕鯨だから、それでいいのさ。でも、商業捕鯨みたぐ、合間なく解剖して、朝八時から夜まで体力もたせんのには、ある程度、エネルギーを消耗しないようにしないど。

職人って、そうだっちゃ。力をそんなにいれなぐたって、包丁切らす訓練をしないと、切れないのさ。要するに思い切りのいい使い方してないど、刃物っての、切れないんだね。おそらく剣道もそうだったんでないがな。名を残した剣術者っていうのは、思い切りよぐやれる人で、刃物うまぐ使った人でないがな。だから、解剖の技っていうのは、剣道のそれさ、通じっどこあるよね、やっぱり。

わだし、一八歳で船さ乗って、二六歳のときまで、酒、飲まねがったがらね。月に何どがって、船で酒が配給なるんですよ。そんなん飲まねがったもんね。先輩たちに飲ませてあったもん。「一人前なるまでは、酒、飲まない」って、決めてやったところもあるし、わだしの親父っつうの、あんまり酒癖いぐねがったがら。

二五、二六歳になったどき、自分で満足したっつうのか、師匠さんみたいなグループがら、「一人前だ」って認めてもらったの。商業捕鯨時代の、あんな大きな鯨捕って、六、七年かがったんだから、ね。

暗黙の了解みたいなかたちだったよね。一頭の鯨を、五人なら五人で解剖するでしょう？　切ってく範囲っつうのは、こっがらここまでっつうことはないのさ。できる人は、ツ〜って余計に切らすのさ。かりに先輩であろうど、自分より、切る距離が短ければ、わかるでしょう？「あ、あれ、包丁切らすな。仕事、できるな」って。大きな鯨になれば、なるほどね。銛切ったからたって、すぐ回転砥石さ、研ぎさ行がなぐても、包丁の刃先見ただけで、すぐ切らすようになるどが。そして、できる人は、包丁、三丁も、四丁も用意してんのさ。本当に切れなぐなるど、別の包丁使うどが。それも、みんなが休んでっとき、休まないで手入れしてないど、できないことだよね。道具をきちっと管理しないど、いい職人さんでない。だから、人より余計やるっていうことは、寝るまを惜しんで、仕事してるっていうことだっちゃ。

組合のおかげ　ナガスどか、シロナガスやった時代ど、ミンクでは全然、時間帯がちがうがら。大型の場合は二部制だがらね。おんなじ仕事する人がふたりずついたわけ。Aワッチ、Bワッチで。解剖する人が八人なら全部で一六人。

二四時間体制で、八時間働いだら、八時間休んでっつうサイクル。一日一回しか出ないときもあれば、一日二回、出なぐないときもある。操業中は二四時間を八時間サイクルでまわっがらね。「Aワッチから入れ」ってなるど、鯨あってもなぐでも八時間勤務する。

ところが、実際に寝る時間は四、五時間なんだよね。一時間前に起きなぐないし。昭和三五年（一九六〇）っだら、まだ現場に戦争から帰って来た人もいだがらね。会社も「人なんて、いぐらでも東北から集めんだ」なんていった時代だから。だっちゃ。船の場合、ご飯いっぱい食えるしさぁ。風呂さだって満足に入れない時代だったでしょ？

わだしらの時代は、日本が荒れた時代だったたっちゃ。岸信介《きしのぶすけ》が総理大臣したとき、安保闘争で。海にも、そういう時代があっで、ストなんかやったのさ。船でも船内組織ってのやった時代が、わだしが勉強する時代だったんだねぇ。船内委員どか船内委員長で、みんなの声聞いだりする立場だったから、勉強しだぐなぐたって、勉強せざるをえないどこに追い込まれたのさ。船で勉強会してたの。保険のごとどか、福祉のごとどか。

こういうの教えた先生みたいの、いたのさ。山岡実《みのる》さん、久保津南雄《つなお》さんどがって、高知の人なんだけっどもね。会社ど対等に話せるってば、大変なことなんだよ。「作業員だからって、鉢巻すんな」どがって、いったぐらいの人だから。鉢巻すんのは結構なんだと。でも、「そういう風にしが見られないがら、するな」って。むかしは雑夫なんていわれてあったがらね。函館の砂子賢己《けんみ》さんにも、ずいぶんと教えてもらったね。

組合のおかげで、季節雇用者の雇用制度ができたり、臨時の人たちが常勤になって、年間給料もらえる体制なったりしだの。わだしも常勤でいたんだけっども、大半は季節雇用者みたぐにきて、臨時みたいな人が多がったの。いまは、全部、年間雇用で、一年間とおして給料ももらってるよ。あど、給料もらうってことは、きちんと退職金も会社で積み立てぐなんないでしょ？　慰労休暇どか特別休暇どかもきちんとあっで。こういう風に待遇改善されてきたのは、われわれが運動したためなんだよね。

商業捕鯨を知る解剖長

調査捕鯨なったのは、昭和六二年（一九八七）だよね？　政府がらゴーサイン出なぐて、船、出るのが、出ないのが、きわどいときだった。いったん、船さ乗ったの。そして積み込み荷役もやって終わったら、今度は「帰れ」っていわれだの。本来だったら、一〇月末《すえ》に出港するのが、一二月二十何日までもちこしたっつうことは、国でも意見が分かれてたんだね。*

＊　奥海さんの船員手帳によれば、第一回目の調査捕鯨に参加する際、昭和六二年（一九八七）一二月一五日に横浜港で乗船し、翌六三年（一九八八）四月二〇日に東京港で下船している。実際の出港は一二月二三日で、ミンククジラ二七三頭（捕獲目標三〇〇頭）を捕獲し、四月二〇日に帰港した。

商業捕鯨と調査捕鯨のちがいって、解剖のやり方でいえば、いっしょだよ。ただ、調査団の指示にしたがってやるっていうごと。調査団が、「ここ、とってくれ」どか、「あれ、とってくれ」どかいったら、調査団のやりよい方法で、仕事を進めていぐのが、わだしの立場なんだもん。

きちんと調査捕鯨に対応できる解剖っていうと、数えるほどしがいないよ。いまの子どもだちっつうのは、すぐ楽しようとするんだね。段取りできないんだね。何回教えても駄目なのさ。「楽すんだったら、先、先でやれ」って教えてんだけっどもね。職人なら技を覚えれば、一生、自分の宝になるんだよ。

職人集団だから、仕事できんのが、リーダーでもあんだよね。職人集団っつうのは、みな自分が一番だと思ってっから。だからねぇ、捕鯨会社が統合なったでしょう? もう、すごかったの。さっきいった労働組合の船内委員長どが、組織の勉強してやってだがら、鯨がないどき、集合かけて、解剖のやり方だって、マルハ式がいいどが、極洋式がいいどが、日水式がいいどが。あと、日東捕鯨、日本捕鯨、北洋捕鯨の六社で、共同捕鯨なわけ。[*]だから共同捕鯨なった時点で、船で、みなの職人集団をまとめるっつうことが、あっと苦労したね。

＊　南氷洋における捕獲枠の暫時減少をうけ、大手水産会社大洋漁業、日本水産、極洋捕鯨の捕鯨部門と、日本捕鯨、東洋捕鯨・北洋捕鯨の大型捕鯨部門が統合してできた捕鯨会社で、設立以降、南氷洋と北洋において母船式捕鯨をおこなった。商業捕鯨の一時停止をうけ、共同捕鯨は、一九八七年一一月に共同船舶株式会社に移行した。

図2　クロミンククジラを計量する（日本鯨類研究所提供）

図3　マッコウクジラを解剖する（日本鯨類研究所提供）

解剖用語も、極洋ど、大洋ど、日水ど、各社、呼び名がみなちがうっちゃ。共同捕鯨になったとき、統一しようっていうことで、いまのやり方になったの。昭和五一年（一九七六）に共同捕鯨なって、つぎの年に大半の人がやめちゃったの。*希望退職したのは、マルハの人が多がったね。あど、日水でも年配の方、ね。極洋は成りあがりの会社だから、若いのさ、年齢的に。若かったがら、われわれは残ったのさ。

＊　一九七七年九月二八日の『読売新聞』（朝刊、八頁）は、「共同捕鯨、希望退職募る　四百数十人対象　減船対策　来月一〇日をメド」という見出しで、南氷洋と北洋での捕獲枠削減のため、「母船二隻と捕鯨船一〇隻、乗組員など従業員一四五〇人中、半分の七〇〇人余りが余剰となる。このうち、捕鯨船八隻と乗組員約一五〇人は、二〇〇カイリ監視船として用船にだし、海洋水産資源開発センターの南極オキアミ漁船にも三〇人乗り組ませることで、政府と話し合いがついている。しかし、これらの措置後も、なお四百数十人の余剰人員が残ることになり、南氷洋出漁ごろをメドに、組合の了解を取り付け、希望退職を募ることにした」と、同社の苦境を伝えている。

そんなことで共同船舶なった時点では、極洋ど日水の若手が多がったがら、解剖の後継者を養成すんのも、極洋ど日水のカラーになったんだよね。お師匠さんどか、先達に教わった流儀を自分で改良しで、身体《からだ》さあったようなやり方で、いまの共船流があるのさ。わだしが最後まで残った（商業捕鯨時代を知る）解剖長なんだよね。だから、このやり方っていうのも、調査捕鯨やるようになってがらで、二八年目なのさ。

鯨の仕事がしたかった

解剖一筋の人生なんだけっども、いろいろと経験してんだよね。北西太平洋も、いったん中止した時代あったでしょう？* 鯨だけで、やっていげないがらって、そのどき、横浜ゴムの工場でも働いだの、新城《しんしろ》市って愛知県で。そこに四年。秋に南氷洋さ行って、夏場にタイヤ工場で働いで。あど、アイスクリーム工場も四年。それも愛知県の春日井市。

＊　北洋においては一九八〇年漁期からミンククジラをのぞいて母船式捕鯨での捕獲が禁止されたため、マッコウクジラを主目的としていた北洋での母船式商業捕鯨は、一九七九年漁期を最後に終了した。同海域で母船式捕鯨が復活するのは、一九九四年にはじまった北西太平洋鯨類捕獲調査（JARPN）においてである。

常勤で年間雇用だったがら、ゴムさ行っても、アイスクリームさ行っても、収入はわりとよがったの。残業代どかなんとかも、ちゃんともらったよ。あど、時間があったらどこかの会社のね、中積船さも行っだな。会社の命令だから。それでも鯨の仕事しだくて、我慢してこうやって残ってやったがら、ねぇ。

極星丸っていう冷凍船にも乗ったよ。* 母船がら肉を大発艇《だいはってい》っていうので受けとって、肉を冷凍する船のごとだね。共同捕鯨なったどき、ローテーションやって、解剖する人でも、冷凍船さ行ったりしたのさ。今年は、解剖、つぎは冷凍船だなんてやってたの。

＊　奥海さんの船員手帳によると、極星丸で一九七七年一〇月一七日に東京港を出港し、翌年四月一一日に東京港に帰港している。共同捕鯨ができたのが一九七六年二月のことであり、その年は第二図南丸で南氷洋に赴き、解剖に従事している。一九七七年といえば、先に『読売新聞』で見たとおり、共同捕鯨が操業規模を縮小した時期であり、人員削減のなか奥海さんも解剖ではなく冷凍船での作業に従事したわけである。

船の上で、箱さ詰めで。パックしで、すぐ出荷できるようにすんの。だから、製品でも、何種類がに仕分けしなぐないのさ。赤肉と白手《しろて》（皮や脂肪）いれると六〇種類にもなんだよ。尻尾《しっぽ》のところに、尾肉《おにく》っていう肉があんですよ。これは赤肉より上級な肉のこと。尾肉にも、尾肉一級、二級、三級、尾肉小切れ、尾肉徳用っていう規格があっで、尾肉一級の上に「尾肉特選」っていうのもあんのね。だから、尾肉だけで六つの規格だね。そして、この尾肉の下に、赤肉特選。赤肉特選っつうのは、赤肉より上級な肉なんだけっども、尾肉より、一ランク落ちるんだね。そして赤肉だって、赤肉一級、二級、三級でしょ？　それに赤肉徳用ってのも、あんの。あど、小切れは別にすっがら。そして胸肉だね。胸肉にも一級がら、二級、三級、徳用ってのもあんの。そのつぎが小切れ。小切れでも、小切れ一級、二級ってあんの。小切れの一級っつうのは、ブロックが大きいのさ。五〇〇グラム

図4　南極海周辺図

（出典）　神沼克伊『白い大陸への挑戦』（現代書館，2015年）などをもとに作成.

以上どか、一キロ以上のやつどか。そして一五キロ入りのケースに赤肉、何キロ以上のもの何切れまでが一級とがって、決まってんの。赤肉三級っつうのは、こういう薄い肉の詰合わせなんだけっども、肉はいいのさ。この規格は共同捕鯨のだけっども、もともとはマルハでも日水でも、極洋でも、それぞれ各社あっだの。そんでも、最終的に規格の立て方は極洋方式になっだね。

英彦丸っていうトロール船で南極海までオキアミを捕りに行ったごともあんの。* このどきは製造員で、オキアミを製品にする部隊。最初はリーダーでながったんだけっども、三年目がら、わだしがリーダーさなった。ウェッデル海どか、あそこら辺のね。南極半島っていうんだけど、長くなった半島あるでしょ？　あそこ。

＊ 奥海さんの船員手帳によれば、一九八三年から一九八六年まで、四回にわたり、英彦丸で南極海に赴いている。商業捕鯨が一時停止となる直前の一九八六年には六月一九日から八月一九日まで七二日間を中積船はなぞの丸に勤務し、米国の二〇〇海里内で操業する日本漁船から鮭鱒、タラ類、オヒョウなどを買いつけた。

夏なったら、氷山が溶げるでしょ？　ここのところにオキアミが湧くんだね。オキアミってのは、海底と海面とあがりさがりが、うんと激しいのよ。海面近くに浮いてきたやつを、トロールあげながら、ひっがいてくんだけっども。層が厚くで、何百、何十トンも入んだっちゃ、この網に。オキアミっつうのは、無尽蔵。原料は困んないのさ。ただ、オキアミのながに、イカナゴみたいな魚が混ざってんの。それが困るんだよね。これ入ったら、製品ならんさ。だから、網あがっても、この魚の量が多いど、また捨てなぐないのよ。

図５　クロミンククジラの胃から出てきたオキアミ（日本鯨類研究所提供）

船の上で凍結もするし、ボイルもするし、脱殻《だっかく》もする。脱殻っていうのは、殻《から》とって、むき身の、すぐ食べれる状態の製品にしたもの。オキアミって小っちゃいでしょう？　その殻をむぐ精巧な機械もあんのさ。ローラー生剝《なまむき》機っていうんだけっどもね。オキアミさ行ったどき、機械を覚えだの。だから、機械のことだって、結構、詳しいのさ。責任者だったし。

オキアミは、つりの餌。あど、ボイルしたやつなんかはラーメンどが、えびせんみたいのどが、いろいろと需要あるのさ。オキアミにも、Ｓサイズ、Ｍサイズ、Ｌサイズ、ＬＬ

サイズっていう、サイズの大きい、抱卵のオキアミもある。抱卵のオキアミで生剝きの製品作っどさぁ、本当に旨い製品できんの。

大切なのはいい調査

解剖の一人前なる人は、研究熱心でないとならないのさ。マッコウでも、イワシでも、ナガスでも、解剖一人前なんのには、頭の先から尻尾まで鯨の骨格がどういう風になってるがってのが、イメージできないど。かりにナガスクジラだったら、二〇メーターぐらいでしょ？　どれぐらいのところにあばら骨があって、心臓がどこにあるがっていうの、きちっとわがんないど。

たとえば、ね。ミンクの骨ってね、ナガスどかイワシどかより、硬いんですよ。（ヒゲクジラのなかで）一番小さいのにね。マッコウなんかハクジラの方が、硬そうなイメージあるでしょ？　でもマッコウは、柔らかいがら、力まかせにやれっけっども、ミンクは力まかせでやるど、包丁、傷めでしまうもの。ミンクの骨は切るごとできないもの。だから、骨のイメージがないと、どこに包丁いれるがわがんない。骨と骨の合わさったどころに包丁をいれるわげ。

鯨の骨格が、どういう風になってっか、っていうのは、わだし、頭のなかでイメージ描けんの。調査捕鯨はじまったどき、日本鯨類研究所で、骨格を船から持ってきで、何十頭って、牡鹿町の谷川《やがわ》浜っていう砂浜に埋めで、あとで掘り起ごしで、研究所の実験場に並べたのさ。そのとき、わだし、手伝ったもの。だから、骨格の隅々までわかんのさね。鯨類研究所の大隅清治博士にね、内臓のことも、全部、教えられたの、わだしが若いどき。膀胱から腎臓までどういう管で流れでるどが、そういう体内のことまで、全部、教えられだの。わだしもこんな性格だから、「あぁ、肛門にいくまで、大腸がどうなってっか、小腸がどうなってっか、膵臓がどこについてっか」って研究したのさ。

心臓なんては切ることないのさ。肺どがの臓器に囲まれてっがら。肺なんか、ふくらんで、右と左の肺でかぶさってっがら。だから、解剖で心臓を急に刺すってことは、ないのさ。調査って、胃の内容物、全部、計測するんだよね。鯨は第一、第二、第三、第四胃まであんだがら、調査員は、胃袋を全部別にしてとるのさ。だから、胃に傷つけないで解剖しないと駄目なのさ。

かりにナガス捕ったって、イワシだって、調査する場合は、腹膜をひらぐたって、鯨が満タンに喰ってっど、腹膜の下に胃袋が紙一重のとこにあんのさ。ある程度、消化しでたらいいんだけっども、腹いっぱい喰ったあとだったらね。命中したときは鮮度いぐても、時間がたって鮮度おってくっど、体内にガスがたまってぐるのさ。要するに膨張してぐんのさね。すこしでも、包丁すべらしでもしだら、この胃袋さ、穴空ぐよ。それすっと胃袋から飛びだすっちゃ。それすっと調査員が慌でるのさ。ピンセットみたいのではさんでさ。

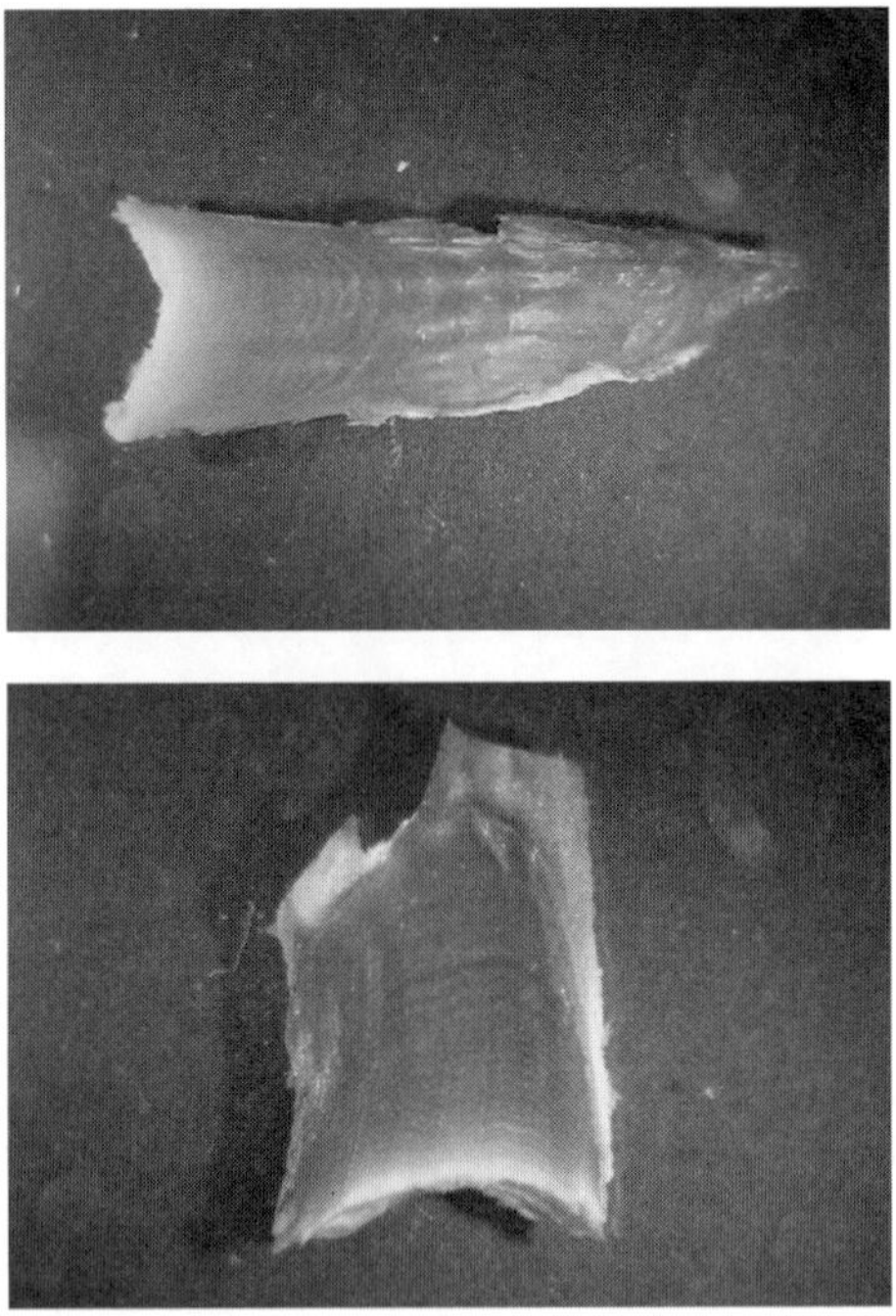

図6　クロミンククジラの耳垢栓．それぞれ26歳（上）と21歳（下）と推定される（日本鯨類研究所提供）

手術するどきの鋏《はさみ》みたいの、あるでしょ？　あれで押さえなぐないのさ。調査で必要なのは、調査に対応できる解剖。それも単なる調査でなぐ、いい調査ができるっていうことが大切なんだよね。調査の目的っつうのは、胃の内容物を調べて、「鯨がどこを回遊しで、なにを喰ってる」がって調べることにあんだからね。もちろん、胃だけでないよね。ヒゲクジラの場合、耳垢栓《じこうせん》って、耳の垢で年齢を調べるんだっちゃね。でも、この耳垢栓は、学者だけではとれないの。耳道《じどう》っていう穴の根元に耳垢栓がついてんだ。鯨の正面に、小っこい穴があるっちゃ。こっから耳道をずっと伝わっていったどこ、耳垢栓がある。耳垢栓を切りとんのは科学者だけっども、耳垢栓がとれるようになるまで、解剖の人が耳道ひらいであげないと、学者もとれないでしょ？

胃の内容物どか、耳垢栓どか、乳腺どか、どういう風にすれば、調査団の要求にこたえられるがって、切磋琢磨してやるのが解剖員の仕事なの。だから、われわれの解剖集団っていうのは、調査捕鯨のキーマンなんだよね。鯨の研究ができたっつうのは、もちろん、調査員も学者もなんだけど、それ以前に優秀な解剖要員がいだがらっつうことなのさ。だから、鯨の解剖の職人さんだちを育てなげれば、いい調査でぎないの。

仕事は円

南氷洋の捕鯨っつうのは、一一月はじめに出て、四月頭《あたま》に帰って来るんだよね。だから航海は、だいたい五ヵ月間。船さ行ぐまで、とにかく出港しでがら入港するまで、なにをするがっていうごとは、全部、頭さ組み立でて行がないど。段取りさ。

海の上に店なんてないでしょ？　仕事の道具は当然なんだけど、自分の荷物、私物がらね。私物は、ちゃんと閻魔帳あっで、歯ブラシの一本までみなつけでるがら。針の一本、縫い針まで持って行ぐんだから。ボタンとれたって、人の物、貸せなんていえないっちゃ。

着る物だって、なにかあったどきのきれいな下着まで用意して行ぐのが船乗りだから。船で亡くなる場合も考えられっちゃ。それぐらい覚悟して、船に乗ったんだよ。

製造長と員長はおんなじ。むかしは組長っていったんだけっどもね。員長っていうのは、鯨社会のことばなんだね。解剖長っつうのは、解剖の担当でしょ？　でも、解剖長が一番のトップでないのさ。製造長の部下だからね。そして製造長の下に次長っつうのがいで。それも甲板の次長ど、パン立ての冷凍部の次長ってのが、ふたり。次長の下に解剖長がいで、あど截割《さいかつ》長どがっでいで。船って縦社会だからね。これは、商業捕鯨も調査捕鯨でも、だいたいいっしょ。

わだしが製造長になったのは、平成七年（一九九五）の北西太平洋の調査がら。製造長っていう役職は、製造部っていう所帯のトップなんだね。製造部っていうのは、独立した機関だから。だから労務管理さもはまってるし、省エネどか、安全についても責任者なの。入港したら荷役に誰だれさ、何人残すがってローテーション組むのも、員長の仕事なのさ。

計算も、速ぐないど。要するに鯨何頭捕ったら何トンぐらい生産量あっで、何時何分までに仕事終わるってまで計算しないど、仕事できないっちゃ。たとえば、ミンクって、平均体重が六・七トンで、体長が八メーター一二、三〇でしょう？　かりに体重が七トンあっだとしで、七〇～七二％が歩留まりだから、肉は五トン近くになるよね。一日の製造能力ってば、製品で六〇トンだからね。その能力を考えて解剖も指揮しないとなんないのさ、ね。

漁期なれば、追い立てて解剖させたもんだよ。追い立てたら、一頭の処理時間、短縮できるでしょ？　この時間の配分っていうのができないと、製造長でないのさ。一頭で一〇分縮めたら、早くやって解剖員だち休ませることできるさ。だらだらして刃物仕事っていうのは危険なのさ。

製造部の一〇〇人ばかりの人を統率するにあたっては、やっぱり、包容力だね。人を包むって、大げさでないね。あど、思いやり。相手の立場になって、きちんと考えないど。仕事っつうのは、円《えん》だっちゃ。まるの円って考えていがないと、どこかにひずみあったりしたら、いい仕事できないっちゃ。「君は君、我は我なり。されど仲よき」って、武者小路実篤《むしやのこうじさねあつ》さんのことばなんだっちゃ。そうでしょ？　船にいで、いちいち人のことさ、腹たてでも駄目だっちゃ。何ヵ月もいっしょに生活するんだよ？　冷たいようだけっども、人は人なの。で、わだしはわだしなの。でも、自分ばがりいぐたってさ、円で考えないと駄目なんだよね。「されど仲よき」ことが大切なのさ。

明るい職場でなげれば、事故が起きるんだよ、けが人もだすんだよ。やっぱり、職場を明るぐしないど。みんなが明るければ、いい仕事できるのさ。そういう風にやるリーダーがいないど、駄目だと思うんだよね。

「あいさつから始まり、あいさつで終わる」。これは、だれにも教わったわけでないの。自分で、いままでやってきて、それがわがったの。「あいさつして、あいさつで終われ」、ね？　そして、自分のごとは、自分でやる。

この鯨の社会ってのは、鯨の職人の仕事っつうのは、どうしても人なんだよね。どんなに時代が進歩しようど、人のやることだから、人を育てないと駄目だってのが、わだしの主義なんだけっども。

海を見ると安心

なにもなぐ、静かでいいでしょ、鮎川は。人も来なぐで、若い人には味気ないかもしんないけっどもね。わだしとすれば、朝起きて、海見で。わだしね、南氷洋から帰って来で、緑の山、見んの、楽しみでね。

このまちが鯨で潤ったたっていうのは、住民の人に、ただで鯨くれたのさ。鯨なんて買うもんじゃながったんだから。調査捕鯨になる前までは、鯨っていうのは、会社から持ってきてもいいがったの。働きさえ行けば、「分け鯨」っていうのを、みんな三キロでも、五キロでも、持って来るでしょう？　その頃は、冷蔵庫なんてないがら、もらった人も隣近所にくれるでしょう？　それで、十分、住民の人たちに喜ばれであっだの。あの時代、会社さ行ぐと、分け鯨って、必ずくれんだもんね。目方量るわけじゃないけっども、仕事終わったら、「あぁ、何人分だ」って、切って分けてやんのが、商業捕鯨時代の鯨社会だったの。だから、捕鯨会社っつうのは、まちの人にずいぶんと貢献してんだよね。

鮎川から調査捕鯨の捕鯨船が出るっていうこどは、まちが活性化するし、明るぐなるのさね。鮎川ってのは、一番（東日本大震災の）震源地に近いでしょ？　だから、鯨が捕れるようになれば、春を告げる、音が聞こえるんだよね。やっぱり、まちに鯨があがるっていうと、みんな喜ぶんだよね。

鯨ど海にとり憑かれたんだっちゃ、ね。だから、いまの歳なっても、夢見るんだもの。船さ行きたいって。なにあんのかね。身体《からだ》こうなって、足痛い、ここ痛いって、いってんのに、まだ、行きたいなんて。あれだけ苦労して、まだ南氷洋に行きたぐなるって、この歳なって思ってんだから。金銭ではないよね。

わだしの場合は、海の見えないどこで住む気ないがら、鮎川にいるのさ。終生、鯨の仕事するったら、鮎川しがいるごとできないよね。もし、かりに石巻どが仙台に住んだら、やれないよね、鯨の仕事。海も見られないし。

もう一生、海見で終わるかなってな気持ちで、ここに住んでるの。夢見ながら、暮らせるもの。人間ってのは、死んでから、寝でからしか夢見ないっていうけど、おらは、生きて、こうやってね、夢見るもの。海見でれば、むかしのごと、思いだすでしょ？　むかしのごと、思いだして、海見っど、なんだか安心するね。

鯨はすべてでした

和泉節夫《いずみせつお》さん　昭和二一年（一九四六）、長崎県平戸生まれ。昭和三九年（一九六四）、日本近海捕鯨株式会社に入社し、サロンボーイ、甲板員、航海士兼見習い砲手を経て、外房捕鯨にて第三十一純友丸砲手。外房捕鯨を定年退職後、勝丸捕鯨の第七勝丸に乗船。平成二〇年（二〇〇八）、船を降りる。
和泉 諄子《じゅんこ》さん　昭和二二年（一九四七）、宮城県鮎川生まれ。

鯨で育ったようなもの

諄子　わたしの親たちも、その先祖も、なにかしら鯨に関わる仕事をしていたみたいです。漁船兼運搬船っていうんでしょうか？　当時は、陸の交通の便が悪く、鯨肉や魚、荷物なんかを塩釜に運ぶのは、船だったんですね。一三トン半の、小さな船でした。荷がないときは、北海道の方までイカ釣りにも行っていたようです。

わたしは鯨で育ったようなものです。鮎川では、タンパク源といえば、鯨でした。カレーライスも、鯨肉と鯨の皮でした。豚肉も、牛肉も、売ってなかったので、必要なときは、船で石巻から取り寄せていました。いまでも、カツっていったら、豚《トン》カツより鯨《ゲイ》カツを食べたいと思いますよ。

わたしたちが小さい頃は、個人で船（ミンク船）をかけていたところも九軒ぐらいありました。鯨を捕ってくると、汽笛がなるんですよ。防波堤の、ちょっと先から鳴らして港に入ってくるんです。汽笛にも長短があって、長く鳴って、短く鳴る。それが何回鳴れば、「あっ、あそこの船だ」とか、「何丸が入ってくる」とか。必ず大漁旗あげて、ね。いまでも目に浮かびますよ。わくわくして浜にさがったものです。解体見たりして。

うちの旦那にしても、わたしにしても、鯨はすべてでしたね。いまの生活だって、鯨のおかげですもんね。震災（東日本大震災）のときです。鯨会社も冷凍庫に入っていた荷が、流されて大変だったようです。三日目あたりでした。流された、わが家のテーブルが、「防波堤のところにあるよ」って、教えてくれた人がいたんです。でも、行ってみたら、なかったんです。したら、そこに鯨の皮が流れてたんです。兄と節夫ふたりで重いからって、綱でひっぱってきたんですよ、避難所に。

それで、「エっ⁉」って。高台の人から野菜なんかいただいてトイ汁を作ったんです。二三〇人分！　トイ汁って、鮎川の郷土料理なんです。鯨肉に薄く切った皮、ジャガイモ、ゴボウ、ニンジン、白菜、大根、長ネギ、コンニャクなんかを煮込んで、醬油で味つけするんです。鯨会社には申し訳ないけど、ずいぶんとたすかりましたよ。お年寄りの方もいるでしょ？　みんな鯨で育ったから、「いやぁ、トイ汁、美味しかった」って。何度もしましたよ。

トップに立つのが砲手

節夫　子どもの頃、まだ長崎でも鯨を捕ってました。大洋、日水、極洋が五島（列島）を基地にして操業してたわけです。小学校五、六年だったでしょうか？　わたしたちの浜でも鯨を解体したのを覚えています。

中学校、終わってから、二年間は地元にいたんですよ。真珠の養殖会社に勤めてたんですけど、大洋漁業の船に乗ってた叔父のすすめで、「捕鯨船乗りもいいなぁ」って。真珠養殖は、核を一個、一個、いれるんですよね。多いときで、一日に八〇〇個ぐらいいれてました。その真珠会社にも、「せっかく養成したのに、一年や二年でやめられたら困る」っていわれたんですけど、先のこと考えたら、「捕鯨船の方がいいかなぁ」って。船乗りですと、高校出ても、大学出ても、結局、船舶の免許がないと、船長にもなれないし、機関長にもなれないし。その点、わたしらみたいな義務教育しか出てなくても、「免状をとれば、上にあがっていけるなぁ」っていうのが、あったんですよね。

先輩にいわれたんですよ。「船乗りは、免状持たないと上にはあがれないから、それだけは覚えておけ」って。わたしが見習い砲手になった頃は、「船長の免状を持っている人でないと、砲手にはなれない」って。砲手は、「トップに立つ人間なんだから、免状がないと駄目だ」っていう会社の方針があったんですね。日本捕鯨では、大型捕鯨船で一等航海士しながら見習い砲手したのは、わたしが最後です。そのあと、商業捕鯨禁止になりましたから。

わたしが入社したのは、当時、日本近海捕鯨といっていた、大洋漁業の子会社です。昭和三九年（一九六四）のことです（同社は昭和四五年に日本捕鯨株式会社に社名を変更）。その事業所が鮎川にあった関係で、平戸から鮎川に来たわけです。その頃、諄子がいうように、店も少なく、欲しいと思うものは石巻に行って買ってました。

李承晩《りしようばん》ライン*って、ご存じですか？　最初に配属された船は、その監視船でした。監視業務を近海捕鯨が海上保安庁から委託されていたんです。捕鯨船に監督官が乗って、日本の漁船が拿捕されないようにって、監視してたんですね。一〇日航海して一週間休み。そのあいだは下関にいました。あの頃の下関は、マルハ通りなんて、にぎやかなものでした。九月まで、その監視船に乗ってました。

＊　日本の船舶の航行範囲を規制したマッカーサー・ラインがサンフランシスコ講和条約の発効をうけて撤廃される直前の一九五二年一月に韓国の初代大統領李承晩が海洋主権宣言にもとづき日本海と東シナ海に設定した境界線で、一九六五年六月に成立した日韓漁業協定まで存続した。

入社した年の一〇月に南氷洋に行きました。南氷洋での最初の仕事は、一番下っ端でした。横文字でいえば、サロンボーイです。賄い方ですね。賄いには、コック長っていう親分がいて、その下で働いていました。捕鯨船には士官食堂と属員食堂の二つがあるんです。属員の方は、セルフサービスです。で、士官の方は、わたしたちがついとくわけです。お代わりとか、食事終わるまで。それを二航海やりました。そのつぎは甲板。甲板部の一番下っ端です。甲板員になって、「これは、免状をとんないと、上にあがれないな」って思って。ちょうど結婚した頃でした。

試験うけるときは、二ヵ月間、講習をうけました。鮎川の公民館で、年に一回、秋にあったんです。捕鯨船の人たちばかりではなく、漁船の人なんかも、みな受講するわけです。最初の免状は、乙種二等航海士っていうやつです。いまだと六級海技士になります。そのあと石巻でとったのが、そのひとつ上の乙種一等航海士、「乙一《おついち》」って呼んでます。それがいまでいうと、四級海技士です。

その上の免状になると、今度は英語が入るわけですよ。だから、わたしは、その「乙一」でストップしたんです。それでも捕鯨船では一等航海士まではできるんです。小さい船ですと、船長もできます。で、一等航海士の免状とったあとに、会社から、「航海士兼砲手見習い」の辞令をもらいました。それがいつだったのか……何十年も前のことだし、

図７　捕鯨船「第二勇新丸」(日本鯨類研究所提供)

いろいろ帳面なんかつけてたの、全部、津波でなくなってしまって。

最後の見習い砲手

節夫　わたしが捕鯨船に乗った時代には、上下関係は厳しく、ことば使いも敬語でした。砲手っていうのは、本当に雲の上の人っていう感じでした。絶対服従です。その日の操業が終わったら、部屋まで洗面器にお湯を持って行ってました。洗濯物も洗濯して。乾燥機なんて、あの頃はないですから、エンジン場に干すんです。それをちゃんと畳んで、部屋に届けるわけです。それもサロンボーイの仕事です。砲手って、アッパー・ブリッジって、一番高いところに坐るわけです。南氷洋は寒いですから、足下に電気ヒーターがあるわけです。座布団もあります。わたしら、その座布団、温めて、砲手が来るのを待ってたもんです。

砲手にしても、わたしらは、「鉄砲《てっぽう》さん」なんていいません。親分とか、親父《おやじ》さんって呼んでいました。たいがいは、親分でしたね。やくざみたいですけどね。南氷洋なんか行く船なんかですと、砲手にある程度、乗組員を選ぶ権利っていうか、そういう習慣があったんですよね。成績をあげるためにも、チームワークが必要でしょう? だから、仕事のできる優秀な船員を砲手がひっぱっていくんです。給料と別に歩合金っていうものがありますからね。それが、砲手ともなれば、何百万単位です。だから、捕鯨船に乗ったら、だれもが砲手になるのが、夢なんです。

わたしらは、マルハ船団として、大洋漁業と日本捕鯨、日東捕鯨の三社で南氷洋のミンク船団を組んでました。わたしを見習い砲手にしてくれた恩師っていうのが、会社の常務にまでなったんです。重役砲手ですね。太地《たいじ》の方でした。その人とは、第十六利丸にいっしょに乗って、いろいろ仕込んでもらいました。亡くなったとき、太地まで行きました。わたしが最後の見習い砲手でしたからね。

昭和五一年(一九七六)に共同捕鯨(日本共同捕鯨株式会社)を設立するのに、いろんな会社があつまったでしょう? そのとき、乗組員にも希望とったわけです。わたしらも、希望とられたんですけど、わたしは共同捕鯨に行かずに、日本捕鯨に残ったんです。共同捕鯨に行くつもりだったら、行けたんですよ。でも、もう見習い砲手の辞令をもらってたんで、このまま会社に残ってた方がいいかなって思ったんです。

わたしが、正砲手として第十五勝丸で責任を持って操業したのは、砲手が欠員になったときだけです。南氷洋ではなく、小笠原事業でした。マッコウを一〇頭とニタリを一五頭、捕りました。*

* 共同捕鯨が設立されてのち、日本捕鯨は、商業捕鯨が一時停止する一九八七年末までニタリクジラやマッコウクジラを対象に小笠原海域でも操業した。なお、同社は南氷洋と北洋での規制強化をうけ、一九六七年より試験的にペルーでの捕鯨事業を開始し、一九七〇年より本格的に操業をおこなった（一九七六年三月に共同捕鯨に営業権を譲渡）。

商業捕鯨が終わったのが、昭和六二年（一九八七）ですか？　結局、日本捕鯨の大型捕鯨船は、昭和六三年（一九八八）一月に解散となりました。熱海で解散式をやって、大型捕鯨船の乗組員全員が解雇になりました。

でも、わたしは、運がよかったんです。会社をやめた年に沿岸捕鯨の会社に就職できたんです。外房《がいぼう》捕鯨鮎川事業所の所長が、（長崎の）五島列島の宇久島出身で、以前は日水の捕鯨船乗りでした。同県人っていうことで、声をかけてくれたんですね。もう、二つ返事でお願いしました。

諄子　わが家は三世帯家族で、わたしも「なにか仕事をしなければ」と思って、平屋に二階をあげて民宿をしたり、駐車場にしていた空き地でケーキ屋をしたり、わたしなりに働いていました。大型捕鯨が終わったあとの生活、船を降りて節夫の再就職先はあるのかどうか、不安だらけでした。ちょうどその頃、娘の高校受験も控えていましたしね。娘も不安だったと思います。運よく外房捕鯨さんに就職できたときは安心しました。

ピークは一九九六年

節夫　外房捕鯨では、ツチクジラとゴンドウクジラでした。*ゴンドウクジラっていうのは、最初の頃、商業捕鯨が終わった時点には、結構、値段もよかったんですよね。北の方では、タッパナガっていうんですか？　あれが、多かったんですよね。南の、太地の方ですと、マゴンドウなんですけど。わたしらも、太地事業はじめる前に、三陸沖のタッパナガ操業したんですよ。その頃、六メートルもの、七メートルものっていう大きなのが多かったんです。

＊　ＩＷＣ（国際捕鯨委員会）が管轄する鯨種は、八五種のうちの、ヒゲクジラ類一〇種（四科六属）、ハクジラ類三種（二科二属）の一三種であり、それら以外の鯨類はイルカ類をふくめ、各国の管理下で利用することができる。なお、ここでいうゴンドウクジラは、コビレゴンドウをさす。コビレゴンドウは、産地によって形態差があり、三陸タイプのタッパナガと三陸以南のマゴンドウに大別される。

図8　ゴンドウ類（日本鯨類研究所提供）

面白いことにタッパナガとマゴンドウって、全然、肉質もちがうんですよ。タッパナガは、固いんです。煮ても、焼いても。だから、金額的にも、全然、ちがうんです。わたしらやっている頃、ゴンドウクジラは、肉と皮の値段が、おなじだったんですよ。白手物《しろてもの》の値段がよかったんです。だから、皮が厚ければ、皮の値段でとれるし、皮が薄くても肉が多いから、肉の値段でとれるし。ツチクジラもいっしょです。ツチクジラも、皮が厚いん

図9　クジラショーに出演するマゴンドウ（コビレゴンドウ）（太地町立くじらの博物館，2016年10月）

です。

あの頃は、捕鯨会社も羽振りよかったですもんね。それが平成八年（一九九六）までですよ。平成八年が一番のピークです。その頃、『鯨捕りの海』*っていう映画を撮ったんです。それぐらいから、だんだんと下降していきましたね。安くなっていきました。

＊　梅川俊明監督、株式会社シグロ、一九九八年、八五分。同作品には、教育用の短縮版『捕鯨に生きる』（四〇分）もある。

むずかしいツチクジラ

節夫　砲手なって、一番むずかしかったのはツチクジラです。大砲台にいても、足が震えますよ。水面に浮かんでる時間が、二分かそこらかですからね。そのタイミングですよね。「あぁ、あのとき引き金、引けばよかったな」って思うことが何回も（笑）、あるわけです。

やっぱり、迷いますね。距離感っていうのがあるんですよ。鯨が舳先《へさき》の前を横切った場合と、鯨の泳ぎにあわせて追尾する場合ですと、距離感がちがうんです。横に切られると、物体が、近くに見えるわけですよ、大っきく。端から端まで見えますから。近くに見えて、撃ってしまうと、銛が手前だったりしてね。

ミンクなんかだと胸を狙うんです。ツチの場合は背鰭《せびれ》です。わたしら疣《いぼ》っていうんですけど、「疣の下を狙え」って。そこに照準があるわけですよね。背鰭んとこが、一番高く、

図10　捕鯨砲を構える（日本鯨類研究所提供）

図11　ツチクジラの水揚げ（北海道網走市，2012年８月）

三角に見えるんです。だから、その疣を、背鰭の下を狙えばいいんです。で、近いときは、「海面、水際を狙え」って。まともに狙ったら、鯨の上を飛んでいきますから。その距離感が一番むずかしかったですね。ツチクジラですと、なかなか近くに寄せないですから、どうしても遠くを撃たなきゃなんないんです。

普通ですと、鯨を追っかけて撃つんですけど、逆に鯨の方から向かって来るのを撃つのを、逆撃《さかう》ちっていいます。船に向かって来てるとき、頭が浮いてるんですよ。うんと近くまで、一〇〇メートルやそこらまで来てくれれば、その逆撃ちができるんです。でも、逆撃ちっていうと、どうしても銛が跳ねるんですよ。こっち向かって来てるから。撃っても、銛が刺さんないで、ポンっと反対に跳ねてしまうんです。命中率が悪いんですよね。

ツチクジラは、それこそ最初から最後まで緊張のしっぱなしです。だから、もう当たったときは、本当にうれしいですもんね。最初、一頭目をやったときは、涙が出てきましたもん。

一番、思い出あるのが千葉の房総沖ですよね。その頃、ゴンドウと混獲できたんです。ツチの時期にゴンドウも捕れたんです。伊豆の大島で最初にゴンドウ見たんです。あの頃のゴンドウですから、七メートルくらいはありました。それを最初やったんですよ。もう夕方なんですね。そのとき勝丸（捕鯨）さんは、ツチクジラも捕獲してたんです。そういう情報が入ってたんで、「あぁ、今日は、ツチ捕れなくて、ゴンドウ一頭だけ、持って帰んなきゃなんないのかなぁ」と思ったんですけど、うまく大島の前でツチクジラに命中したんですよ。それが七月一日で、ツチ解禁の初日の初漁です。はじめてのツチクジラ。足が震えてましたからね。

もちろん、小笠原でも、ほかの鯨の経験はありましたよ。でも、ツチクジラっていうの、はじめてですからね。先輩に聞いてたんですよ。「鯨のなかでも、ツチクジラが一番、撃つのにはむずかしい」って。

鯨が浮くと安心

節夫　銛は、石巻銛っていう会社が地元にもありましたし、日本鋼管も作ってました。基本は平頭銛《へいとうもり》でいっしょなんですけど、ちょこっとした型がちがうんです。銛は打ちなおして使います。小型捕鯨だと、だいたい地元の鍛冶屋さんになおしてもらってました。鮎川にも、個人の鍛冶屋さんがいました。でも、大型捕鯨の場合、会社に銛をなおす人がいました。まぁ、大きく曲がんないかぎりは、ある程度なら、船でもなおせるんですけどね。

むかしはふいごを使って打ちなおしてたわけですね。そのあと、ふいごを使わずに油圧でなおすようになりました。ふいごを使ってやると、真っ赤に焼いて、銛を叩くわけですから、表面の部分がいくらかずつでも、飛んでいくわけですよね、火花になって。だから、

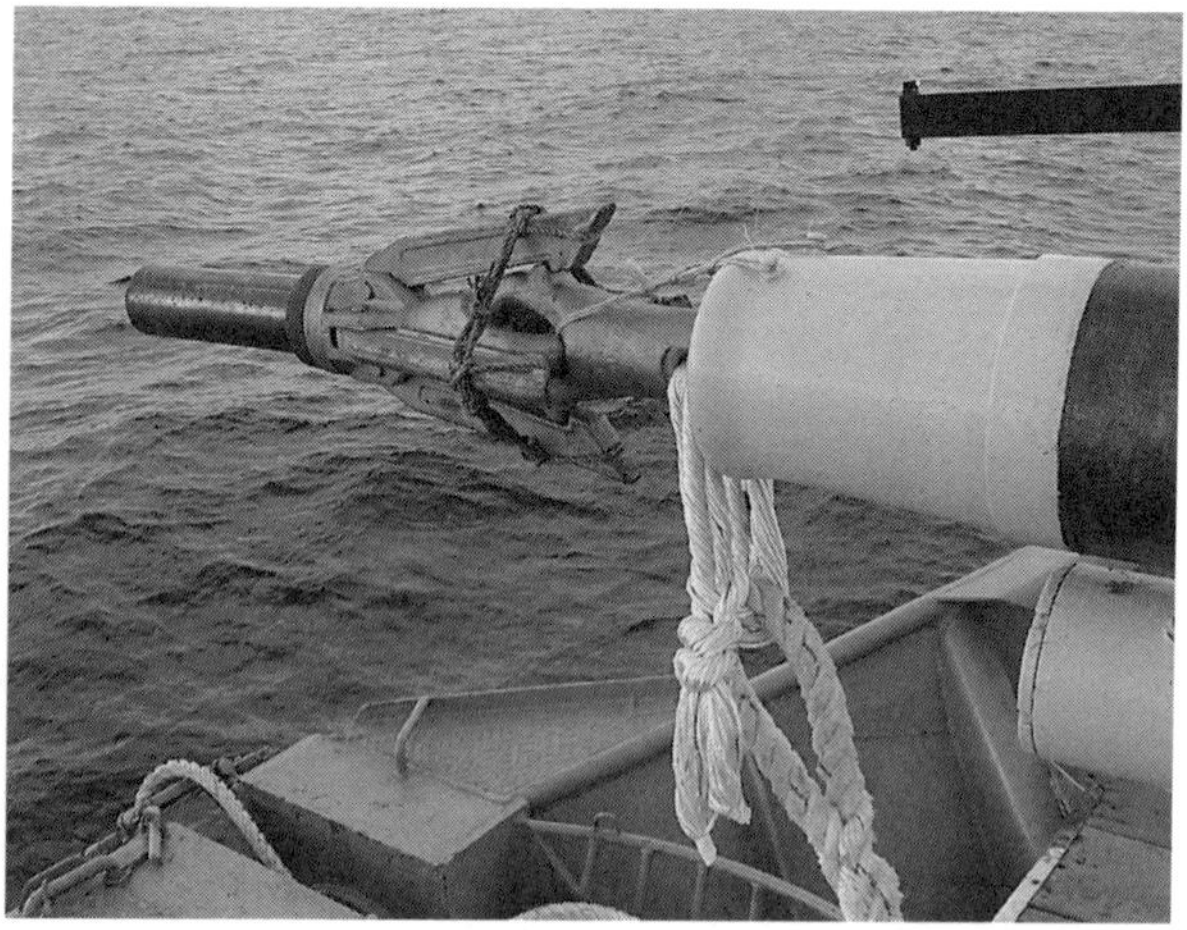

図12　平頭銛（日本鯨類研究所提供）

銛の肉がだんだん薄くなっていくんです。痩《や》せ銛っていうんですけど、当然、軽くなります。そうなると替えるんです。その点、油圧式ですと、油圧で圧力かけてゆがみをなおすわけですから、銛が痩せないんです。だから、何十年って使えるわけです。

ツチクジラですと、新しい銛を使っても、骨に行ったら、結構、曲がりますもんね。背骨やら撃たれると、グニャって。「え？　銛、こうも曲がるんだ」って驚くぐらいです。ツチクジラは、撃った瞬間に一〇〇〇メートルも、潜っちゃうんですもんね。だから古い銛とか、痩せ銛だとかは、銛の爪が折れて、銛が鯨から抜けちゃうんです。

わたしら、パンコロっていうんですけど、急所にあたって、即死状態のときは二番銛は使いません。ツチクジラは即死でないかぎりは、必ず、二番銛やりますね。ツチクジラの場合ですと、さっきもいったように撃った瞬間に一〇〇〇メーターも潜って行きます。でも、もし、即死してなければ、三〇分ぐらいしたら浮いてくるんですよ、必ず。それからワイヤーを巻きはじめるわけです。それが、即死状態の場合ですと、浮いてこないんですよ。

まぁ、空《から》のときと、命中していないときってのは、だいたいわかりますけど、ね。でも、一〇〇〇メートルもあるワイヤーの重みもあるし、潮の流れもあったりで、ワイヤーを巻きあげるまで、わかんないもんなんです。鯨あるか、ないかって、それが心配なんです。命中しても、爪が折れて抜けてるときもあるでしょう？　だから、三〇分たって鯨が浮いてきてくれた方が安心なんですよ。

打抜《うちぬ》き銛っていうのもあります。これには爪がないわけです。これは二番銛なんですけど、爪がなくてマッコウクジラ専門に使う銛です。マッコウの場合ですと、頭に脳油が入ってるわけですから、頭を狙うことができません。だから、胸鰭のとこ、心臓のとこを狙うんです。ウィンチで巻くと、抜けるようになってるわけです。爪がないですから。マッコウは、死んでも浮いてますし。

節夫　最初、調査捕鯨、釧路沖やったときは、すごかったですよね。モラトリアムから一五年間やっていなかったですから、ミンククジラも多かったですもんね。* ミンククジラの方から寄って来るんです。商業捕鯨時代からそうなんですけど、ミンククジラを発見したら、その現場に行って、ストップするのが習わしなんです。ミンククジラって、船に寄って来る習性があるんです。ミンククジラ見たときには、走りまわさないで、ここに入ったっていう現場に行ったら、ストップ。そこで何分か、待っていると、鯨の方で寄って来るもんなんです。だから、走んなくても、その場でポンってやれるわけです。

＊　一九九四年にはじまったJARPN（ジャルパン）は、二〇〇〇年から第二期（JARPNⅡ）が継続され、二〇〇二年度以降は沖合調査に加え、沿岸小型捕鯨者が協力してミンククジラ五〇頭の沿岸捕獲調査も、釧路あるいは鮎川を基地として実施された。二〇〇五年からは釧路と鮎川の二ヵ所で年二回おこなわれるようになった。

釧路沖のミンククジラ

その前、わたしら遠水研（遠洋水産研究所）の依頼で、釧路沖で一回、ミンクの調査やったことあるんですよ。バイオプシーとかっていうんですかね。銃で撃って、皮を採取して。釧路沖のミンクがどこに回遊しているかって。その後ですもんね。沿岸の調査捕鯨がはじまったのは。

外房捕鯨を定年になってから、日本鯨類研究所の調査船に乗ったりもしたんですよ。そんとき、ツチクジラの調査も、世界ではじめてっていうことでした。皮にGPSの入った標識銛を打ち込んだんです。千葉の沖で標識銛を撃ったツチクジラのブイが、北海道の襟裳に浮いていたんです。一〇〇〇メートル潜って、あがって、二、三分息したら、また潜ってって、そんなデータが全部入ってたんですね。担当の人によると、それが世界ではじめてのことだっていうことでした。だから、震災後も、その担当の人から、電話来るんですよ。「もし、都合よければ、乗ってくれないか」って。でも、もう、さすがに歳ですからね。

お稲荷さん参り

諄子　外房捕鯨さんにお世話になっていたときです。漁期には毎朝、お稲荷さんにお参りに行ってました。朝、五時に起きて。第三十一純友丸の乗組員の方は、全員、鮎川の人でしたからね。夜ともなれば、「捕った」、「捕らない」の情報は、すぐ家族にもわかります。捕らなければ、乗組員の方、その家族の生活がかかってますからね。もちろん、自分の生活もですが。

神頼みです。お稲荷さんには、油揚げと生卵、御神酒《おみき》（ワンカップ）、お賽銭を持ってね。帰りには粗末にならないよう、お奉りしている家に頼んでさげてもらっていました。でも、お参りしてたのは、わたしだけではありません。大型捕鯨の時代から小型捕鯨にい

図13　諄子さんが拝んでいた山鳥稲荷神社の参道．金華山の対岸にある（2016年３月）

たるまで、乗組員の家族の方や会社の人たちみんな漁神様《りょうがみさま》に行ってました。漁は縁起をかつぎます。「行かなくてもいいかな」と思ったりはするんですけど、そんなときにかぎって、捕らなかったりして。だから、漁の期間中は、毎日、傘を持ってでも、お参りしていました。第一、千葉の方の天気は、わからないし。だから、とにかく毎日です。漁があった日に電話よこせば、機嫌いいし。ないと、なんか電話のむこうの様子も読

図14　御番所山からの眺め（2016年３月）

めて、毎日行くようになるんですね。本当にどの神様を拝《おが》めば、捕れるのかな、なんて思ってたときもありました（笑）。捕らないと、何日も捕らなかったりしますから。

一枚の絵を観ているよう

諄子　いまの鮎川は寂しいですね。月に二回程度、鮎川に行っています。震災後、半年ぐらいは海が怖かったですね。翌年、春先に鮎川に行って、半島先端の御番所山《ごばんしょやま》に登って、海を眺めてたんです。海も凪《な》いでて、「あぁ、やはり、海は海だ」って思いました。空、海、島じま、往き帰りする小船。一枚の絵を観ているようでした。自慢のふるさとです。

どこの海でもいいっていうんじゃないんです。半島のトンネル、小積《こづみ》トンネルを越えたあたりから、故郷の海のように思うんです。

震災後、怖かった海も、いまはいつまで眺めていても飽きないですね。

　以前から旅行も好きで、出かけてました。ふたりいっしょというのは、あまりなく、家族旅行ぐらいです。わたし、御詠歌《ごえいか》を習っているんです。（二〇一五年）六月の一五日から、西国三十三観音巡拝の旅があって、ふたりで参加します。和歌山南紀勝浦の一番札所から高野山、奈良、滋賀、京都とまわるんですよ。今年（二〇一五年）、来年と二回にわけてね。西国が終わったら、つぎの年は青森の恐山に行くつもりです。それで震災の気持ちにけじめをつけたいと思っています。

百姓どころでね。銭んこ、とらなきゃ

池田《いけだ》勉《つとむ》さん　昭和八年（一九三三）、秋田県大仙市（旧仙北郡刈和野町）生まれ。昭和二九年（一九五四）から大洋漁業の母船に「出稼ぎ大工」として乗船。日新丸と第二日新丸の大工長をつとめ、昭和四二年（一九六七）に船を降り、刈和野町で大工を営む。現在、刈和野大綱引き保存会顧問。

うちの親父は、百姓です。田圃《たんぼ》を作ってました。もとは大きな百姓してあったんだけども、子どもがあんまり多いために、子ども大きくなるまで、親戚に田圃、貸したわけ。したら農地改革にあって、戻って来なぐなって。

船には兄貴とよったり

わたしは三男です。上に女三人、男二人の六番目。一〇人キョウダイのうち、男が六人。そのうち、ちょっとでも船乗ったっていうのは四人《よったり》だな。長男の兄貴と三番目のわたしっしょ。あとは五番目と六番目と。長男だって、百姓どころでね。銭《じぇ》んこ、とらなきゃ。刈和野には、もともと職人が多いし、むかしからカムチャッカとかそういうとこへ行く人が多かった。何故かって、ここで生活できねんだな。田圃もねぇし。だから、出稼ぎ行くんだ。して、南氷洋捕鯨に行ってる人がたの姿、見てるっしょ？　「いやぁ、格好いいなぁ」、「学校出たら、南氷洋行きてぇな」っていうの、頭から離れねぇのな。

マッコウを捕りに行く

このあたり、昭和二八年（一九五三）の五月の八日に、大火があったんですよ。二日町《ふつかまち》って上《かみ》の方が、ほどんと焼げでしまった。そのとき、わたし、大工の見習い工やってたんだけど、うちの師匠《おやじ》の家も、みんな焼げで。だけれども、師匠の家建てるどころでねぐ、お客さんの家建てなければならないっていうことで、毎日、朝早くから晩まで働いで。して、師匠の家も弟子っこ、四人で建ててやった。四三日だか、休まねえで無我夢中で働いたな。

弟子に入るのさ、米三俵だ。まだ、なんにも仕事できないから、自分の食い扶持《ぶち》を師匠に持って行くわけ。いまでいえば、月謝みたぐ指導料ってなんのかな？　うちの師匠は米三俵だったけども、三俵半たらっていう親方もあった。

考えてみればね、あのあたりが最高だったべな。小遣いもないけれども、お金の使うすべも知らないっしょ。ただ、一生懸命働くだけ。して、師匠から、お盆とか正月とかお祭りとかに、小遣いもらったっていえば、いまのお金でなんぼになるかな？　ラーメン一杯食べるぐらいでねぇべか。

大火のあった年の一二月に、わたし、「弟子あがり」したわけ。ひとりで仕事しなければできないけども、仕事がないわけ。大火して、ワ〜って、みな建ててしまったから。つっても、いまのような立派な家でねぇ。簡単で、バタバタバタって一週間ぐらいで建てちゃうんだから、つぎの春までにみんな終わってしまったわけ。

だから、みんな、わたしの友達だとか、この辺の人、北海道さ、出稼ぎに行ったんです、大工に。わたしも行こうかなっていううちに、親父に「行ぐな。だまって、刈和野で仕事すれ」っていわれで。したら、親父が五月に「アラスカさ、大工募集しているから、行がねぇが」って。「マッコウクジラ、捕りに行がねぇが」って。なんたもんだべなって、面接に行ってみたところ、採用になったの。だって、刈和野には大工だれもいねしな。ほどんと、北海道さ出稼ぎ行ってるような、な。*

＊　一九三六年に開始され、一九四一年まで操業した北洋捕鯨が、戦後に再開されたのは、サンフランシスコ講和条約発効後の一九五二年のことであった。日本水産、大洋漁業、極洋捕鯨三社による共同経営とし、極洋捕鯨の母船ばいかる丸を用船してのことであった。鯨油二三〇〇トン、氷蔵製品四八〇〇トン、冷凍製品四八〇〇トンの計七五八〇トンの生産をあげ、当初の目標を約一〇〇〇トン突破した（『読売新聞』一九五二年九月二八日、朝刊、三頁）。一九五四年には、おなじく共同経営として二船団目が組織され、大洋漁業所有の錦城《きんじょう》丸を母船とするマッコウクジラ

船団が組織された。

それが大洋漁業だったの。そのとき新人で採用されたのは、秋田からわたしと、青森から大工ひとりと、東京から旋盤と溶接の四人だったな。で、横須賀さ行ったわけ。大洋ホエールズ、いまのベイスターズの（ファーム）練習場、あるでしょ？　そこに事務所とか、缶詰工場とか、大きな資材倉庫があったんですよ。五月の中頃だったな。そこに集合して、一ヵ月間、いろいろな準備仕事した。

ひどかった船酔い

で、アラスカ行ったっしょ？　だけれども、アラスカに行くうちに船酔いしてしまったの、わたし。小さい船だもんな。五日間、なんも食べれないで。でも、ある日、朝起きたら、ピっとなったもんな。「おかしいな」って思ったの。したらダッチ・ハーバー（Dutch Harvor）っていう島の陰さ、ピタっと入ってたのな。波もないから、おだやかなのさ。そこで大きい船と交流して、今度は、その大きな船さ乗ったの。して、大きい船で三ヵ月間仕事した。大きい船は、大丈夫なわけ。酔わなかった。

わたしの給料、七五〇〇円ですよ。当時、大工の手間賃が、一日二五〇〜三〇〇円ぐらい。三〇〇円だって、月九〇〇〇円っしょ？　それでご飯食べて、自分のもの着て。でも、船行ったら下着だけ。あとは全部会社もちだものな。ご飯まで食べて。して、大工だっつぅことで、大工手当がプラス五〇〇〇円。給料から天引きしてもらって、親父に五〇〇〇円ずつ託送したの。四ヵ月で二万円な。それでも、給料一万円に大工手当あわせて一万五〇〇〇円残るっしょ。「一万五〇〇〇円もあれば、銭んこ、まにあうなぁ」って。

仕事みんな終わってから、「今年の秋に、日新丸っつう船、出てくるから。あなた方は経験者だから、行かねえか」って、事務所に呼ばれたの。*

* 大洋漁業は、戦時中の油槽船を改造した第一日新丸（のちの錦城丸）で、一九四六年から南氷洋での母船式捕鯨を再開した。その後、一九五一年の第六次出漁にあたり、新造母船日新丸を投入した。池田さんが初参加した第九次南鯨事業より、日新丸船団と錦城丸船団の二船団となった。

なら、三人とも行くって。わたしだけが「行がね」って。「船酔いしたから、もう、あんな目、嫌だ。絶対、行がね」っていったの。日新丸なんて、長さ二〇〇メーター近くだもの。「船の後ろにいたら、前の方の人、だれだかわからないよ。そんな大きい船だから、船酔いしないよ」っていわれたけども、「駄目だ、行がね」って。なんぼいわれても、わたしは、「絶対、行がね」って。で、とうとう行かねえこと、なってしまったの。で、秋田さ帰る朝に、「池田、事務室、来い」って。

「北洋に行った歩合金」。「ん？」。わたし、七五〇〇円の給料だけだと思ってたの。いまみたいに給料なんぼとかって、そういう契約、なんもないんだ。「おめぇはなんぼ、おめ

図15　南極海のペンギン（日本鯨類研究所提供）

図16　南極海の氷山（日本鯨類研究所提供）

ぇはなんぼ」って、それで決まり。だから、「え？　歩合金？」。あのとき、六万二〇〇〇円の歩合金だもん、びっくりするっしょ。「給料だけでねぐ、それも、もらえるの？」。「おめぇがた、なんも、それ聞かねえで、船さ乗ったのか？」。おかしいたって、おかしいっしょ？　おれ笑ったら、「あ、池田も行くんだな」っていってもらったの。それで南氷洋さ行ったの。

漁場まで一ヵ月かかるから、遠いんだ、やっぱり。南氷洋行って、時化《しけ》れば、氷山の陰さ行ぐのさ。氷山って、船が一昼夜走っても、まだ端っこ見えねぇよ。山だ、ほんどに山だ。ここから山形だか、福島あたりまであるよ。氷山へピ～っと行ったら、波も、小さくなんの。わたし、一三回、船さ行ったんだけども、時化たとき、昭和基地のそばまで行ったことあるよ。「ここが、昭和基地だ」って。あたり、みな氷山だからな。あと、ペンギンな。ペンギン、山ほど。すごいんだ。鯨だってね、もう、海、煮たってるよ。あんまりいで。

鮭鱒へは一年だけ

北洋さは昭和二九年（一九五四）、三〇年、三一年の三回。三二年は休んで、三三年は鮭鱒さ。何年か行ってるうちに、「一年間、ずっと船乗ってれば、つまらね」って。南氷洋から来たら、あと五、六、七、八、九月と、師匠のところ行って大工してた。

鮭鱒は、一年行っただけだな。どうしても「来ないか」って頼まれて。錦城丸だったな。日新丸だとかは行かねぇで、小さい船で北洋さ行く。鮭鱒っつうのは、独航船から一匹なんぼって買うんだな。*船長とかは、母船さ来て、船団長と一杯飲んで、お土産もらって、風呂さ入って帰る。そんなんは、だいたい四、五時間で終わるもんだ。わたしは、そのあいだに独航船の仕事やんなきゃなんね。南氷洋だと、捕鯨船は、その大きい船さ、油とか水とか食料もらっているうちに仕事する。して、それができなければ、捕鯨船は、できるまで待ってるわけ。でも、独航船はそうでね。売る物売ったら、いい漁場さ行くためにすぐ出るから、大工を乗せて行ぐわけ。そんなのほどんとねえときもあるっていうけど、わたしは四、五回連れていかれたんだもの。壮洋《そうよう》丸だとか、広洋《こうよう》丸だとか、缶詰工場の船は大きいから酔わないんだ。でも、独航船は小さいから、へば、酔っ払ってしまう。それで、鮭鱒は一年でやめた。

＊　独航船は、母船会社と契約をむすび、漁獲を母船に売り渡す漁船。鮭鱒漁とカニ漁業が有名。

最初、アラスカ行ったのは錦城丸だったけども、その年に南氷洋行ったのは日新丸だった。昭和三〇年（一九五五）も、三一年も日新丸。して、三二年から第二日新丸。ちょうど大洋漁業も三船団になったとき。*そのとき運がよかって、大工長の助手役だった。だけども、日新丸のときは、そうとう苦労したよ。みんなといっしょだから。大工の仕事しながら、ほかの仕事もしてたから。

＊戦後、日本の南鯨は、一九四六／四七年漁期から日本水産の橋立丸と大洋漁業の第一日新丸の二船団で再開された。その後、大洋漁業は五四／五五年漁期に錦城丸船団も投入し、さらに五七／五八年漁期には南アフリカから購入したアブラハム・ラーセン号を第二日新丸と命名し、三船団体制とした。

仕事は段取り

わたしの仕事は、骨場《ほねば》。骨、切ったり、骨、運んだり。釜さ、鯨の骨をいれてやる前に、チェーンソーで骨、シャーンって切んの。ノコ、九尺（およそ二七〇センチ）ぐらいの鋸《のこぎり》で切ることもある。骨から油とって、滓《かす》にすんの。そのチェーンソーとか鋸の刃を研ぐのも、大工の仕事。解剖の包丁なんかは、みな、解剖の人が自分でやんの。

チェーンソーっつうのは、八時間ごとに刃、取り替えるのな。鯨って銛《もり》で捕るっしょ？その銛が入るところ、チェーンソーで切る可能性あるわけ。その銛を切ってしまったりすれば、刃が駄目になるから。そんなんを研ぐわけ。研ぐのもドイツ製だかの、ちゃんとした専門の機械があんのな。説明書、しっかり読んで、あとは自分で考えるわけ。仕事っていうのは、ただ、その前の人からの申し送りだけでは駄目なの。「こうやれば、もっとよくできる、早くできる」ってこと考えないと。

鯨っつうのは、脂が多いっしょ？　そのために、長靴のかかとのとこに滑り止めつけるわけ。それで歩くと、作業場の板、みんな穴あいて、減ってしまう。だから、板をひっくり返したり、あんまり傷んだ板は新しいのに取り替えるわけ。それも大工の仕事なの。母船ひとつに家を一〇軒ぐらい建てるだけの木材を積んで行くんだものな。

仕事って、段取りだな。段取りよぐしなぐてはいげね。みんな、鯨を解体してしまうっしょ。骨も全部洗って解体すれば、船のデッキを水で洗いなおしてしまう。スパ〜って、箒ではいて、つぎの鯨があがってくるまでに洗ってしまう。そうすると、交代まで三時間あいたりする。したら「大工仕事してぐれ」ってなるわけだ、えらい人に。

「池田。終わったら、二時間でもなんぼでも、これこれいう仕事あるからやってぐれ」って。「ハイ」って、大工の部屋行って、仕事着に着替えて、大工道具持って来るっしょ？　へば、そこに、わたしに仕事頼んだ、えらい人が待ってるわけ。一〇分でも、二〇分でも、わたしの来るまで。それで考えたのな。まず現場行って、「どこ、どういう風にやんの？」と訊くでしょ？　「ここ、こういう風に」。「はい、わかりました」って、それから大工小屋に行く。して、わたしが大工のみんなに、「ここ、こういう風にやるんだど」って説明して仕事する。

それが二回、三回ってなれば、ひとりでに「池田が最初に頼まれるだんべな」ってな風になってしまうっしょ。えらい人も「池田さ頼めば、わがる」っていうこと、なってしまったの。大工長とか副大工長っなんていうのは、そういう仕事、行かないの。ちゃんと事務所からまわってきた伝票の分だけ仕事してればいいの。

競争相手は青森チーム

初漁祝賀式っていうのもあったよ。一二月八日が解禁で、最初に鯨、捕ったとき。御神酒《おみき》もらってな。船団長が音頭とって。それから、何十頭、何百頭ごとに、一杯やるわけ。清酒一合、羊羹一本もらって。わたしは飲まないから、「清酒やるから、羊羹ちょうだい」ってやってた。

船団ってば、母船に捕鯨船が一〇杯ぐらい、冷凍船が二杯ぐらい。それから中積船とか、そういうものついて、やっぱり二五、二六杯もついてたべな。母船って、三〇〇人はいるよ。冷凍船で、だいたい二〇〇人。母船の場合、ひとつの企業だから。解剖やって、製油工場あって。*

＊　一九五五／五六年漁期の日新丸船団は、捕鯨船一〇隻、探鯨船一隻、曳鯨船四隻、冷凍船二隻、タンカー二隻、運搬船五隻の計二五隻からなっていた（『南氷洋だより』一九五六年）。

会社って、よく考えてんだ。ワッチ（交代）でも、青森の組と秋田の組と競わせるんだもの。船のなか、勤務評定する人、いるんだ。南氷洋行く人、一〇〇人なら一〇〇人とす

図17　日新丸船上での初漁祝い（2001年，日本鯨類研究所提供）

るっしょ？　持ち点がひとり一〇とするべ。へば、ベテランが一三も一五も、もらうべな。こんなのもらう人、何人もいないよ。すると、一般の人、七とか八とかなってくるっしょ。親分が一三もらえば、だれかが三少なくなる。だから、一般の人で一〇もらうっつうの、なかなかいね。大工長どかの役職で一〇だ。そうすれば、一〇に横線ひっぱって、姿勢悪ければさがるから。それ、全部、歩合に関係するな。へば、難儀でも、やっぱり人よりも余計、働く。どうしても競争なるからな。

球団作るって、会社っていうのは、相当、儲かったもんだな、あれ。本当かどうかわかんねけども、シロナガス一〇頭あれば、船団の給料、船団長以下、ドクター、機関長、労働組合の人がたの分、まかなうって。大洋ホエールズだって、シロナガス二頭あれば給料かくって噂もあったぐらいだものな。へば、どんだけ、儲かったんだか、な。*

＊　一九六三年九月八日の『読売新聞』（朝刊，四頁）は、「昨年トン当たり四万五〇〇〇円だった鯨油市況は最近八万円台に回復、肉の価格も昨年のトン七万四〇〇〇円がこのところ九万円を超える勢いだ。クジラ一頭（シロナガス）で四〇〇万円見当の売り上げになる」と報道している。なお、厚生労働省の「賃金構造基本統計調査」によれば、同年のサラリーマンの平均月収は二万五二〇〇円であった（ちなみに二〇一五年は三〇万四〇〇〇円）。

いま、大洋漁業から年金もらって、こうして生活できてるだけどよ。その時代、なんだかんだって、奴隷とおんなじ。八時間働いて八時間休むっても、休む時間、八時間ないよ。早く起こされて、洗濯したりなんかして。へば、六時間もねぇ。して、鮭鱒行ぐっていえば、四時間か、三時間ぐらいだよ、寝んの。もう一〇時、一一時まで、毎日仕事。鮭鱒の方が大変だな、鯨みたぐ交代ないから。

必要なのは度胸

ああいうあつまりのなかっていうのは、ね。ある程度、度胸がなければ、駄目だな。年上もいれば、気の合わない人もいる。だいたいね、第二日新丸さ、三年、四年目の年、行ったたっしょ？　そこ行ったら、みんな若い人ばかり。

新しい人。わたしたちが、北洋さ新人で行ったときのようなあつまり。一船団から、二船団、三船団って増えてったから、わっと若い人になる。

わたしはっしょ、酒も飲みました。弟子っこあがるあたりは。だけれども、船行って、大工長やるようになって、ぱっとやめた。大工一四人《じゅうよったり》いるっつったら、北海道から九州まで、さまざまな人がいる。わたしも中学校あたり相撲大会で優勝したこともあったし、腕力的にも強かった。そうすれば、飲んでやられれば、まずいっしょ？　お世話になった大工長、酒、飲まねぇんだ。で、わたしも、これ、やめた方いいなって。

作業課の大工長っていうのは、ランクが上なんだ。ご飯食べるときも、おかずも一品、多いもんだ。だから、みんなといっしょにご飯食べに行かないの、わたし。「池田、若えくせにあの野郎」って、見る人いるっしょ。だから、二時間ぐらいずらして行くの。賄いの人たちは、みんなにご飯を食べさせて、食器洗って、なんだかんだって、自分たちご飯食べるのは、二時間ぐらい遅れるわけ。ちょうど、その賄いの人がた、ご飯食べるとき、わたし行くわけ。そのかわり賄いの人がたには、いろいろなことしてやる。「池田、こう、こう、こういうの作ってくれ」ってば、「あぁ、いいよ」。

普通、「こういうもの欲しい」ってときは、作業課さもってって、作らねぐてもいいものかっていうことを査定してもらうんだ。「忙しい。こういうもの作ってらんねぇ」って、大工長がいえば、それでおわり。だけども、賄いの食器棚だとかいろいろなものは、「いいよ」って作ってあげんの。

年金って？

最終的に第二日新丸は、トロール船にかわっちゃったわけ。* トロール船になるとき、今度、日新丸に行ったわけです。日新丸行ったら、当然、日新丸にも大工がいるっしょ？　で、もともとの大工に悪いから、船を降りたんです。

＊　日本は一九五九／六〇年漁期にノルウェーを抜き、捕鯨世界一となった。翌六〇／六一シーズンには、極洋捕鯨が第三極洋丸を参入させ、日本の南鯨船団は過去最高の七船団となった。さらに六一／六二年漁期、大洋漁業は錦城丸を退かせ、ノルウェーから購入したコスモス号を第三日新丸とするなど、日本の南鯨はピークをむかえた。事実、一九六二年、日本は史上最高の鯨肉二二・三万トンの生産をあげている。しかし、六三／六四年漁期からザトウクジラが、六四／六五年漁期からシロナガスクジラが捕獲禁止になったように、南氷洋捕鯨は転機をむかえていた。それを反映するかのように、英国が六二／六三シーズン、オランダも六三／六四シーズンを最後に南鯨事業から撤退した。ひとり拡大をつづけていた日本も、六五／六六年漁期に第二日新丸と第二極洋丸が退き五船団となり、六六／六七年漁期には図南丸も退き四船団となった。同漁期を最後に、母船式捕鯨の発明国であるノルウェーもその操業をおえ、母船式捕鯨の操業国はソ連と日本のみとなった。

だけども、それが事務所の方に聞こえてしまったわけ。「池田が大工、やめるってな」

って。総務課長さんが、電話で「ちょっと、来い」って。で、行ったら「池田。いま、やめたって、年金もらえねぇよ」。「年金?」。年金ってなんだか、知らない。そうでしょ?自分の給料だって、歩合制だって、なんも契約も、そういうものなぐ、南氷洋さ行ってるんだもの。年金なんてわかるわげね。そのとき、ちょうど大洋漁業が組合を作っているとき。だから、年金制度とか、そういうのも説明されなければできねって、そういうことだったのさ。

だけども、「方法がある」っつうの。家さ行って、「船員年金の任意継続しなさい」って。「自分で船員年金かけなさい。いまは会社と本人と半分ずつかけてる。だけど、これからは掛金も大きいよ。大変だよ。でも、一生懸命、かけなさい」って。

うちの家族構成見ながら、その課長さんが、「この子どもが、もし大学さ行ったら、どっから自己資金いれる?」って。「おれの子ども、大学行くわけねぇべへ」。したば、「池田君、まずもって入ったら」。「まちがっても、入らね」。「だけども、年金、かけた方がいいよ」。で、全部、計算して書いてもらって昭和四二年(一九六七)に帰って来て、役場さ持って行ったば、役場でもわからねぇのさ。船員年金ってなんたもんだか、なんもわからね。

年金の任意継続ってのは、五年ちょっと払ったな。まだ、三〇代のことだ。だけれども、

「池田、船の年金、任意継続してるどもな、あんまり高くて、やめたぞ」っていう噂もあったぐらい。当時、男鹿《おが》の人とわたし。船員年金の任意継続したの、秋田県でふたりだっていうことだったな。

船員と、鉱山の人がた、五五歳でもらえるの。だから、年金もらう歳、ちょうど、上の娘が東京学芸大さ入って、お盆休みに戻って来た。「父さん、年金もらうんでねぇか？」って。それまで仕送りさな。そのとき、「あ〜、年金っつうものは、いいな」って。だから、うちでは「年金大学」って呼んでる。

三六五日、働く

船降りてすぐ、技能士の資格とったんだ。そういう資格、全部とったわけ。技能士は刈和野で一番だったな。その資格持ってれば、事業内訓練って、弟子を学校に行かせられるわけ。実技は自分で教えられるっしょ？ 船降りたとき、ちょうど、「弟子にしてけれ」って人が二人いたの。だけれども、船さ乗ってて、まちの人が「池田、大工やってる」ってわからないのに、そこの家《うち》で、親たちがそういうっつうのは、「弟子っこに来たら、池田の家で学校さ、いれてくれる」。それがあったと思うな。学校、月に三回なら三回っていえば、交通費もいるし、その分、仕事休ませなくてはいけないっしょ？ それはわたしもち。だから、弟子っこが、なんぼも来た。嫌だっていうくらい。

そういう若い、見習工どこ使って仕事しているっていえば、「安くやってくれる」、「一生懸命してくれるべ」って、そういう噂が、バ〜って広がったから、仕事はもう。なんかね、船さ行っても降りても、トントン拍子で。運よがったですよ。

昭和二九年（一九五四）に船さ行ったっしょ？　昭和三二年（一九五七）の年に、秋葉原さ行ったの。そうしたらドリルっていうの、それも回転の遅いやつ。その機械、職人が一ヵ月働いても、買えないぐらい高かったもんだ。南氷洋の帰りに、それ買って来たわけ。して、師匠さ持って行った。「師匠、これ、使いなさい」って。「あぁ〜、こりゃ、いい」って。三倍も、五倍も穴掘れるっしょ？　それまでは手だもの。そしたら、うちの師匠の親方が大曲の刑務所、木造で建ててあった。そこさ持って行ったら、バって穴、あくっしょ？　したら、「借りるど」って。そのまんま、機械、戻って来ない。でも、ここの現場、ここの現場とかって、三〇〇〇円とか五〇〇〇円とかって、結構、この機械買うぐらい、もらったな。

結局、昭和四二年（一九六七）にやめたっしょ。退職金は三六万円だった。退職金でドリルとか、いろいろ買って、三万円か五万円か余ったの。で、家族三人で、田沢湖でも遊び行くかっていうことで。それだけが、いい思い出。あとは、全然、思い出っていうのはない。あとは三六五日、働くだけ。「つまらねぇなぁ〜」っていうぐらい働いた。

でも、やっぱりな。二、三年は、「なにしに、ここさ来たのかな」って。あんまりつらぐて。北洋さ行って、南氷洋行ったときは。船は大きいから船酔いはしないけれど。「いやぁ〜、つまらねぇ」。こう思ったもんだよ。

やっぱりステイタス

だけれども、いざ銭んこもらえば、ここで働く三倍も、四倍もでしょ？　これも昭和三二年（一九五七）頃だ。自転車買うっていえば、難儀だった。自転車って、ねがった。買えねがった。あのあたりで五万円。いまなら二〇万円とかなんぼっしょ。丸石の自転車って、だれも乗ってでね。船さ行った人がただけだもの。自慢になったべな。やっぱり、ステイタスだ。

ここの町でも、わたしらより先輩が、いまでも一〇人ぐらいいるかな？　一番、多いのはね、わたしたちの年代。ちょうど、わたしたち二〇歳《はたち》になるかならないかのとき、会社が船を増やしてたっしょ。わたしがもと、住んでた浮島っていうところ、ね。あそこで二〇軒ぐらいあるな。そこのなかで、やっぱり一四、一五軒、船さ行ってる。二〇のうち、一四、一五軒。刈和野っつうところで、船さ乗ってねぇ、親戚で船さ乗ってないの、いねぇな。男だったら半分ぐらい船さ行ってる。南氷洋、北洋の盛りのときは、刈和野は活気があったですよ。だから、刈和野農協なんか、もう大洋漁業様々だった。みんなからの送金が農協（の銀行）さ、入んだから。

ほんとな、いろいろな人生あるもんだすな、うん。

鯨を商う

上より岡崎さん、常岡さん、大西さん

それじゃぁ、プロの仕事やない

岡崎敏明《おかざきとしあき》さん　昭和一六年（一九四一）、福岡県門司生まれ。岡崎鯨肉店・店主。二〇歳から北九州市の旦過《たんが》市場で鯨肉の小売りを手がける。

豚肉の時代?

豚、豚、豚。豚の時代ですよ。鯨は、もう駄目です。鯨なんかの時代やない。

むかしは食べれんやった。肉なんか、金持ちしか買えんやった。それぐらい肉っちゅうのは高かった。はじめて肉食べたんは、小学校六年のとき。家庭科の授業で五目飯を作ることになったんよ。鶏のミンチ使こうてね。家に帰って、「父ちゃん、母ちゃん。肉食べて、旨かった」っち、もう天にも昇るような気持ちで報告したっちゅうのは、よう覚えとる。

それ以来、もう肉党になりました。もちろん、それからいつも食べてたわけやないですよ。でも、「いつか食べたい、いつか食べたい」って、思っとったんです。そうやって思いよったら、結局、肉が好きになったんやね。

鯨肉店を継ぐ

わたしは、昭和一六年（一九四一）に門司で生まれました。昭和二〇年（一九四五）に門司に爆弾が落ちたんです。焼け出されて小倉に来たわけです。親父は、丸和《まるわ》っていう日本で最初のスーパーに勤めておったんです。二四時間営業も丸和が日本初だそうですよ。で、そこで、「鯨、やらんか」っちゅうことで独立したそうです。* その辺のいきさつは、よう知りません。昭和二二年（一九四七）から旦過《たんが》で商売しています。

＊　株式会社丸和は、一九四六年に小倉合同物産として創業し、翌四七年に株式会社丸和に商号を変更。五六年に日本初となる会計のセルフサービスを導入し、スーパーマーケットの嚆矢《こうし》となる。七九年にはスーパーマーケット初の二四時間営業を実施した。

わたしがここに立ったのは二〇歳《はたち》ぐらいですから、昭和三六年（一九六一）ですかね？高校出てから、一応、サラリーマンしたんです。北部九州いすゞ（株）で、ベレットとか、ベレルとか売りよったんです。エルフなんかの貨物車もです。親父は、肝臓がずっと悪ぃで、「学校行くな。あと継げ」っち、お袋からいわれてました。でも、それを蹴って博多の高校に行きました。恥ずかしい話なんやけど、わたしは小倉高校に行くつもりやったんです。家も近かったし、子どもの頃から、よく遊びよったけん。なんちゅうてん、名門ですけんね。でも、受験に失敗してしもうて、もう逃げるようにして博多に行きました。だから、卒業後も、そのままドロンしたんです。でも、職場は八幡（市）ですから、近かったんやけどね。なんかのときに親戚かなんかから連絡があって、親父が、「いよいよ悪《わり》い」っちゅうて、帰って来たわけです。

生鯨を捌く

いずれは、帰って来るつもりやったですよ。ちゅうのはね、わたし、中学のなんかのとき、親父のバイクの後ろに乗せてもらって、市場に行きよったんです。で、仕入れがすんだら、市場の食堂で喰わせてもらいよったんです。朝からすき焼きとか、肉です。だけん、それが楽しみで、朝四時から起きて、ついて行きよったんです。

この頃に、親父からいろいろな事を教わりました。商品の見分け方、捌《さば》き方なんかです。そんときの教えが、いまも役に立ってます。

市場では、ね。生鯨ですよ。近海で捕れたやつ。冷凍やない。むかしは近海でもやってたけんね。月にしたら、五、六回ぐらいですね、生が入るのは。いつ入るかわからんから、毎日行くんです。で、入ったらトロ箱で二〇杯ぐらい買うんです。せっかくの生鯨なんや

図18　暮れの買い物客で賑わう旦過市場
（福岡県北九州市小倉北区，2011年12月）

けど、そのまま生で売れるのは、トロ箱で二杯ぐらい。それは店の前で捌くんです。そしたら、たかるんよ、人が。だけん、わざっと外でする。そうせんと意味がないけん。いまのマグロ解体ショーみたいなもんやね。残りは、小倉冷蔵って大きな冷蔵倉庫があって、そこで凍らせるんです。ほで、売る前の日にだして、ジワ〜っと溶かします。

　その頃、北九州には同業者が五〇軒ぐらいおったんやけど、生鯨を売るのは親父だけでした。量もだし、技術も。生は、扱いがむずかしいんです。

　忙しかったんですよ、その頃は。そりゃぁ、よう売れよったです。当時、売りよる商品いうたら、ほとんど赤身だけでした。それでも、一日、八ケースから一〇ケースは売りよったけんね。一ケースは一五キロですよ。単純に計算しても、一五〇キロとかでしょ？

その時代、まだ、こんなポリ（袋）がないでね、新聞紙で包みよったんです。古新聞屋から買ってきたやつ。何枚も敷くんやけど、「自転車で帰ったら服が汚れた」、「血が出らんようにしてくれ」っち、いわれよったもんです。ポリができてから、本当に助かりました。お客さんに迷惑かけんですむようになったけんね。

給食にも納めよったし、パン屋さんも大口でした。パン屋は、カツサンド用です。むかしはカツサンドっていえば、鯨カツやったけん。だけん、パン屋さんには、ステーキぐらいの厚さに切ったものを配達しよったんよね。パン屋さんは、一ケースで足らんのです。だいたい二〇キロ単位で持って行きよったんかな。

結局、うちの場合、小倉のどまんなかでしょ？　むかしは会社の社員食堂とかが、みな使いよったんですよ。それも証券会社とか銀行とかって、大企業ばっかりが。それ以外にも、この近所、小倉の有名なとこ、みな持って行きよった。だけぇ、忙しいはずですよ。朝は四時とか五時から、もうずっと、てんてこ舞いやった。こんな狭いところで、兄ちゃん、ふたり雇ってたんよ。だけぇ、ベーコンなんか売る暇ない。売るっつったら、赤身と尾の身、百尋《ひゃくひろ》（小腸）だけ。あと塩鯨。いまみたいに皮とか、そんなんを売るようになったんは、暇になってから（笑）。

百尋を炊く

百尋はナガスです。百尋は家で作りよったね。ここで洗ろうて持って帰ったら、お袋が炊きよった。庭に大きな釜こしらえてね。四時間半ぐらいかかんのです、あれ、炊くの。ここで溶かして、裏ひっくり返して洗うんよ。腸に餌が入っとるけんね。また、もとに戻して家に持って帰る。ほで、うちの家内とお袋に手伝いのおばさんが三人ぐらいで縫いよった。畳縫う糸あるやないですか？　あれで縫うんです。腸って長いやないですか？　長すぎたら裏返しできん。だけぇ、三〇センチぐらいに切って、その両端を縫うんです。人間の肌、縫うのといっしょやけん。引っ張ったら、伸びるやないですか？　伸ばして、縫うんですよ。空気が漏れんように、どっちの端も縫うて。

塩水で炊くんやけど、縫うときにね、塩を少し、加減しとっていれるんです。沸騰したら、膨れてくるんですよ。ほっとったら、破れるん。破れたら商品価値なくなります。ほで、ポンポン、ポンポン。ポンポン、ポンポン。火箸を刺すんです。そしたら空気といっしょに塩水が抜けて、シューンとなるん。塩をいれるんは、味つけみたいなもんやね。だから、切って食べよったとき、最初は、ちょうどええんよ。でも、まんなかあたり、塩気が薄くなって、美味《おい》しくないときもあった（笑）。とにかく、火箸、突っ込んで空気を抜かんと、どうかすると破れるんよ。破れたらギザギザになって、商品価値がなくなるけ

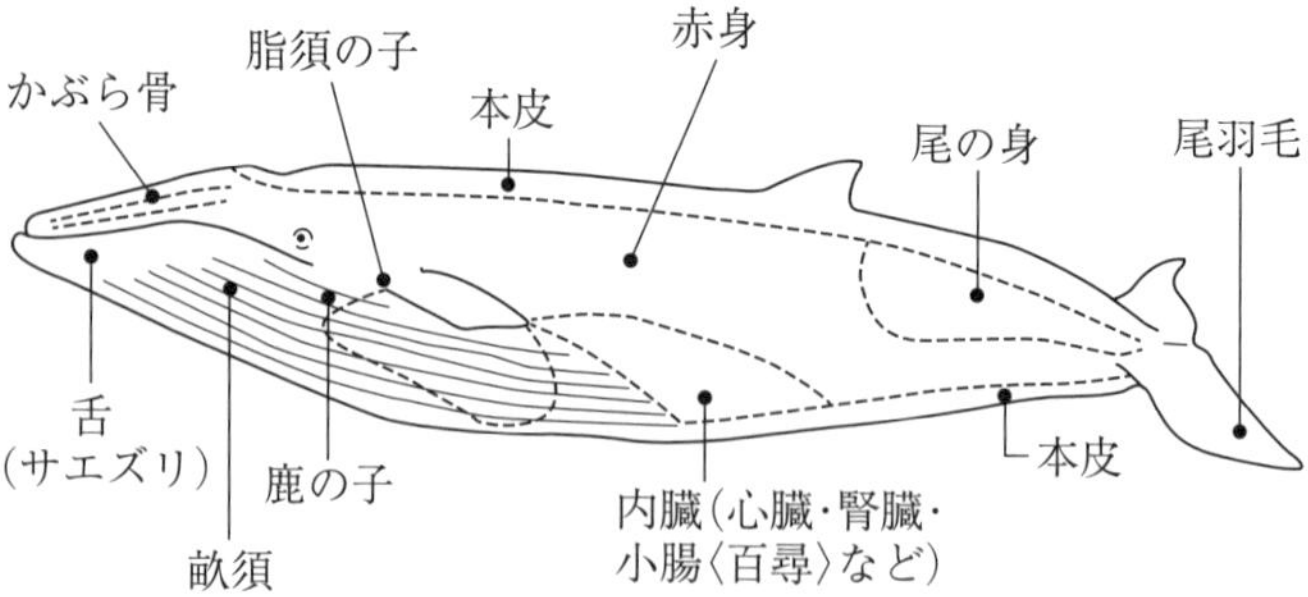

図19　ヒゲ鯨の食用部位
（出典）　大隅清治『クジラを追って半世紀』（成山堂書店，2008年）などをもとに作成.

んね。

いまは百尋はイワシですけど、当時はナガスでした。その時代のイワシは喰われんかった。ちゅうのも、餌のなかに虫が入ったんです。なんか知らんけど、緑とか青の虫が入っとんの。なんでいないんか、わからんけど、ね。いまのイワシ、ものすご、ええですよ。で、イワシの場合、皮が固いんですよ。手かぎで裏返そうにも、裏返しできんのです。だけん、縫わんで、そのまま湯がきます。

塩鯨はマッコウ

マッコウは塩鯨しかないですよ。生食にむかんっていうんか、塩鯨にしたら美味しいんよ。マッコウの塩鯨は高級なんです。とにかく、もう、マッコウの塩っていえば、ひっぱりあいこです。いまじゃ、手に入らんですけんね。いま塩鯨は、だいたいゴンドウやないですか？　うちの塩鯨は、いまはイワシです。ええですよ。気仙沼の工場が被災して、ゴンドウが入らんごとなったけん、問屋が、どっかからイワシを探してきたわけやね。

ナガスなんかもいいものができると思うんやけど、もったいないけん。ミンクは話にならん。脂っ気がないけんね。マッコウは、一五メーターからあるんやけん、脂のっとんのですよ。だけん、むかしから塩鯨っていえば、マッコウしかイメージない。そんかわり、マッコウっていうのは、生では喰われんかった。美味しないけんね。だけん、塩漬けするんよね。生で食べられるんなら、塩漬けするわけない。もったいない。そう思うてます、自分は。

塩鯨は炭鉱の人たちの弁当用やね。ここには（筑豊の）田川から来よったもん。いまこそ三枚とか四枚とか買いよんけど、むかしはそうやない。二貫目、三貫目っち、買いよったけん。一貫目っちゅうたら、三・七五キロやけん。七キロとか一〇キロぐらいの塊やったんやね。塩鯨は網焼きで食べるんよ。塩がついとるから、焼くだけ。むかしはものすご塩漬けよったけん、塩辛かったですよ。でも、いまは、もう、そんなに塩に漬けてない。塩鯨ちゅうてん、水分があるんやけん。むかしはカラカラやったもん。それぐらいでないと、炭鉱では駄目だったっていうことなんやろうね。*

＊　下関市から北九州市にかけての捕鯨産業史を研究する岸本充弘は、田川市石炭資料館から得た

情報として、「炭鉱の坑内で食べる弁当に安くて腐らない塩鯨を持っていった。また、坑内労働の際には、塩分補充のために会社が用意した塩の錠剤や塩水を携帯し飲用していたというので、塩分補充を目的としても塩鯨が好んで食べられていたと思われる」と記している（『関門鯨産業文化史』、二〇〇六年、三〇頁）。

井筒屋に出店

わたしが井筒屋に出店したんが、昭和六二年（一九八七）、一〇月のこと。ちょうど、商業捕鯨を中止して、今度、調査捕鯨になるっちゅうときに、井筒屋[*]から話があったわけです。商業捕鯨が終わるっち聞いて、わたし、もう、鯨屋を廃《や》めるつもりやったんです。で、マグロ売ろうと思っとったんです。うちの家内の里、（福岡県東部の）行橋なんやけど、一番上の姉さんが、宇佐（大分県北西部）で魚屋さんしよったんです。その紹介で、マグロ売ろうと思うて、話に行ったんです。そういうとき、井筒屋の話があったんですね。わたしが、ここで魚屋しようかっちゅうときに。そりゃ、悩んだですよ。紹介してくれた人から逃げちまわったもん。でも、最後は、雁字搦《がんじがら》めにされてしょうがない。

* 一九三五年創業の井筒屋は、北九州市を地盤とする百貨店。

井筒屋はいいました。「調査捕鯨で、まだ商売として成り立つって判断した」、「だから、入ってほしい」っち。調査捕鯨うんぬんちゅうのは、わたしたちの個人レベルではわからんかった。そういう情報って、全然、なかったんですよ。問屋連中は、そんなこと、いうてくれんやったけんね。だけん、マグロ専門で商売しようと思ったんやから。その頃、料理屋、いっぱい持ってたんよね。小倉のなかでも、かなりの店やから、まぁ、なんとかなるやろっち。ただ、東京とちごうて九州は、マグロそんなに好きやないけんね。タイもあるし、アジも美味しいし。やっぱ、白身の魚やけんね。いまも魚屋の方がよかったとは思っとるけど、とにかく情報がなかった。

いや、調査捕鯨するっちゅうのは知っとったよ。でも、いままで何千トンも捕りよったんよね。*それが三〇〇頭になったら、何分の一になりますか？　当然、値段も相当高くなるやろうし、流通も、ものすご変わってくる思うたんですよ。どうやって商売しようかっち、不安だらけでした。

＊　商業捕鯨の最終年にあたる一九八六／八七年漁期に、日本はミンククジラ一九四一頭を南氷洋にて捕獲するとともに、ニタリクジラ三一七頭とマッコウクジラ一八八頭を北太平洋で、さらには二〇四頭のミンククジラを沿岸にて捕獲した。八七／八八年に実施された第一回の捕獲調査ではミンククジラ二七三頭が捕獲された。その結果、一九八七年には国内で六〇〇〇トン流通していた鯨肉は、一九八八年には三〇〇〇トンに半減した（『食料需給表』）。

実際、価格は上がったしね。やっぱね、商品ちゅうのは、安くないといけんのよ。安いと、価格を倍にしてもなんちゅうことないけど、高うなったら、そうもいかん。一〇〇〇円で売るものが倍の二〇〇〇円じゃ、売れんやないですか？　だけん、商品っていうのは、安うないと駄目。*

＊　一九八七年六月三〇日の『毎日新聞』（朝刊、二二頁）は、「史上最大の鯨肉密輸事件、背景に捕鯨禁止に伴う品不足と急騰」と題した記事で、「東京都中央卸売市場の卸売価格も上昇している。（商業捕鯨モラトリアムが決定された）一九八二年のキロ当たり一〇六八円が今年四月には、二四一六円と、二倍以上になった。特に八五年から八六年にかけて、キロ当たり三九〇円も上昇した」と報告している。

断りつづけたんやけど、デパートの休みが第三水曜日だか、第四水曜日やったけん、その休みあけの日から、商売せないけんちゅうて。しょうがないけん。前の経営者んとこにおった人を使うて、とりあえず、一、二ヵ月やってみようっちゅうてね。ただ、入ってみたら、バブルんときやったから、まぁ、売れた、売れた。ここ（日過）も売れよったけど、井筒屋も売れた。だけぇ、ふたりぐらい別に雇って。人探すのも、本当、苦労したですね。

赤身は、いま一〇キロで二万八〇〇〇円です。一キロが二八〇〇円ですね。一時、高いときは、一ケース一二万円しよったもん。当時は一五キロです。なんぼになりますか？

一キロ、八〇〇〇〇円ぐらいでしょ？　調査捕鯨になって、グチャグチャになっとるときです。価格は、だんだん落ちついていったんやけど、そんだけ高いから、量も減ってしもうたんやね。安かったから、売れよったんやね。安かったときは、それこそ一貫目（三・七五キロ）単位やったけんね。

井筒屋の店は、去年（二〇一四年）の八月にたたみました。やっぱ売上げが落ちていったですね。むかしとは桁がちがいます。まぁ、ほんと、むかしのええときの話ですよ。

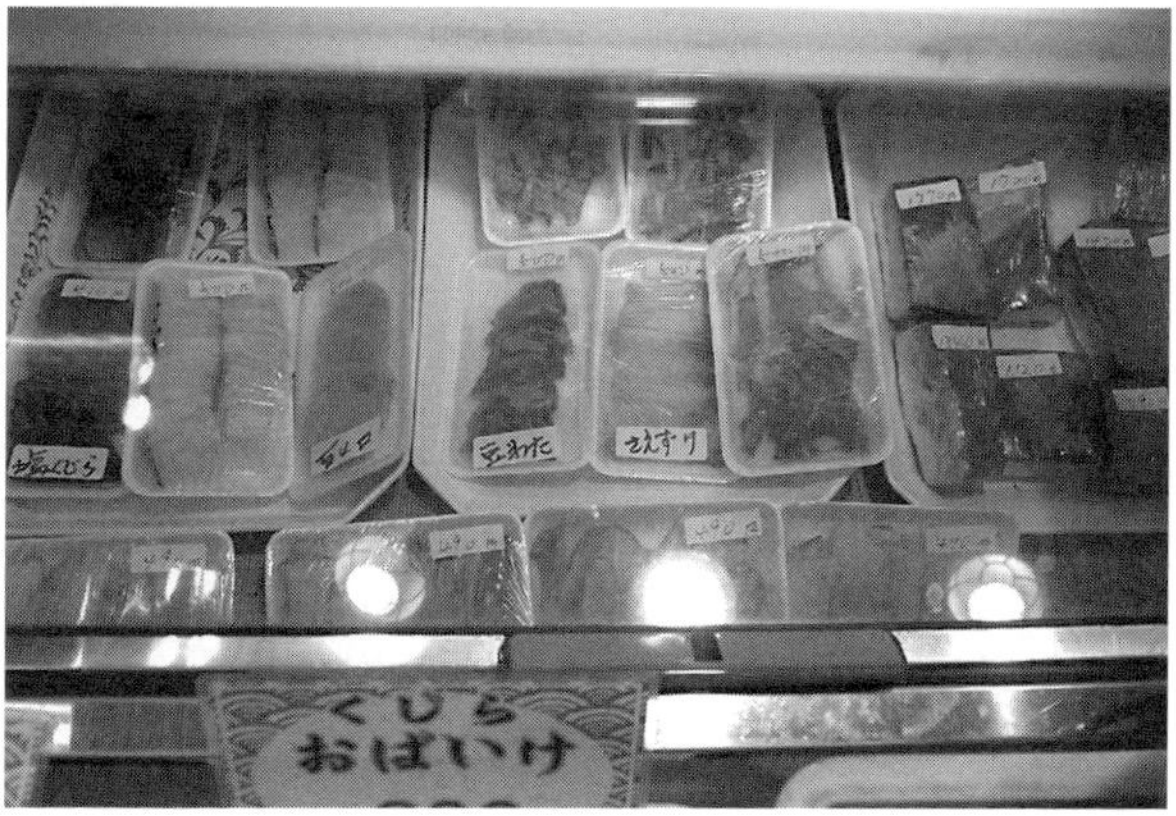

図20　岡崎鯨肉店のショーケース．中央列の左から塩鯨，本皮，百尋，豆わた（腎臓），サエズリ，ベーコンの切れはし，赤肉ブロック（旦過市場，2015年12月）

高級志向に転向

調査捕鯨になって、値段があがるからっちゅうことで、高級志向に転向しました。それまでは一般のお客さんで、てんてこ舞いだったけん。だけぇ、高級な店を開拓せんといかんやないですか。鮨屋とか料理屋狙いにしたんです。鮨屋も料理屋も、超一流の店を狙いました。小倉には、ちょろ松とか万惣《まんそう》っていう割烹《かっぽう》料亭があって、その二軒とも、つきあいがあったんです。とくに万惣のおやじと親しかったんで、話をしたら、「値段は関係ないから、いいもの、珍しいもの、いれてくれ」っちいわれたんです。その頃、鯨の睾丸やら、たけり（雄の性器）やら、胃袋やら、サエズリ（鯨舌）なんか、まだ、どっこも扱こうてない。だけん、いわゆる白手物《しろてもの》ちゅう皮とか内臓なんかを扱こうたんです。天ずしや嶋鮨なんかも開拓しました。*

＊　前掲の『毎日新聞』記事は、「クジラは今や貴重品で、高級料亭まで、鯨肉では最高級の尾の身を刺し身で出したりするようになった。尾の身は卸売価格も上物で一キロ三万円とマグロのトロより高い」とも報告している（一九八七年六月三〇日、朝刊）。この記事からは、それまで高級料亭では鯨肉など扱ってこなかった様子が看取できる。

ベーコンはね、もともと乾物屋さんが売りよったんです。だけん、ベーコン、見たとき、「あ、こんなん売りよったん？」っち、ビックリしたんやけん。いまでこそ鯨ベーコンって有名やないですか？　でも、当時は、そんなんがあんのも、知らんかったぐらいです。最初から狙っとったわけやないですけど、いまは全国区で商売やってます。わたしらのような小売り店っていうのは、鯨の場合、あんまりないんですよ。小売りっちゅうのは、もう成り立たんのですね。鯨は、魚屋さんが置いとるだけ。それも、尾羽毛《*おばいけ》やとか、ベーコンだけやないですか？　尾の身とか、皮とか、いろいろ置いとる店、まずないけんね。もう、ほかにどっこもないき、探しに来てくれるんです。贈り物もあるし、年末は、注文が結構あります。

＊　尾羽毛は、尾びれの繊維質の部分。独特の食感と甘さがあり、さらして酢味噌や酢醤油で食べる。オバケやオバキ、さらし鯨ともいう。背びれからも類似製品が作られている。

旦過市場ハリハリ鍋

ここらあたりでハリハリ鍋を流行《はや》らしたんは、わたしです。ギフト用のセットちゅうことで、井筒屋でハリハリ鍋をセットで出したんです。「旦過市場ハリハリ鍋」っちてね。四、五人用ですね。赤身が三〇〇グラムと生皮が一〇〇グラム。あと、豆腐に水菜も。お歳暮用です。最初五年ぐらいは八〇〇〇円でだして、その後、井筒屋の方から、「ちょっと値段さげんか」っちてから、六〇〇〇円にしました。ほで、最後は四五〇〇円。いまはやめとるけど、注文が来たら、作れます。

珍しかったんか、八〇〇〇円でも、一番多いときは三〇〇セットも出たんですよ、ひと冬で。ほでね、テレビでもとりあげられたんよ。博多の水炊きとこれと競合するっちゅう番組で。そんなんで北九州市が「旦過市場ハリハリ鍋」を郷土料理に推薦するっち、いいだしたんよ。だけど、わたしは断ったんよ。「これは大阪が本場やから、そんなことできん」っち。これを思いついたんは、家内なんです。料理好きで、ね。大阪の徳家《とくや》さんかな？　あっこ、行って食べたっち。

接ぎを外すのがプロの仕事

むかしは一級、二級、三級って、肉に等級がありよったんです。いまは、もう、ないんやけどね。いまは尾の身、赤身、小切れ（剝《は》ぎ肉）だけです。むかしは尾の身も、赤身も、剝ぎ肉も、全部、一級、二級、三級にわかれとった。肉の質っちいうより、「接《つ》ぎ」がちがうんです。一ケース一五キロでしょ？　でも、一五キロの塊でなしに、いくつかの塊を接いで凍らせるわけです。一級は、二枚身とか三枚身とかちゅうて、二つしか接いでない。二級も、おなじぐらい。三級だと、接ぎは四つとか、五つとか。接ぎが多いと、その分、塊の一個、一個が小さくなるっちゅうことです。ただ、それだけ。身は、三級の方がよかったりもします。だけん、わたしは、たいがい三級を買いよった。

ほで、いまは小切れっちいよるけど、むかしは剝ぎ肉っちいいよった。それが、一番いいんよ。ええのが入っとんのです。もちろん、筋なんかも入っとるけど、尾の身みたいなもんも、入っとんのです。福袋みたいな感じじゃね。

そりゃぁ、塊の方がええに決まってます。バラバラにならんきね。接ぎ目を無視して切ったら、刺身やったときに、もうバラバラですよ。屑みたいになるやないですか。それじゃぁ、プロの仕事やない。接ぎ目を綺麗に外《はず》して、上手に塊《かたまり》を作らんといけん。スーパーなんかは、接ぎなんか外しきらんし、外したりせん。外したらロスがでるけんね。だから、解凍して、そんまま電気ノコでバーンってやるだけですよ。そしたら、この接ぎ目にあたったときは、もう、ボロボロになるんです。もともとは別々の肉やったわけやけん、あたりまえやわね。お客さんが買うて、運のいい人は、接ぎは全然ないけど、悪い人は、接ぎだらけでしょ？　鯨の人気がイマイチなのは、運の悪いところを掴まされたっていうこともあるんやないですか？

わたしら、この接ぎをきれいに外して商売する。で、接ぎを外すために削ったら、切り身ができますよね。それは、また、それで使えるんですよ。それが、プロの商売っていうもんです。

筋は糠で炊く

筋も技術がいります。鯨って筋がまいとんのですよ。赤肉のところに座布団みたいについとるんです。肉屋さんに吊された枝肉に脂みたいのついとるやないですか。あんな感じです。

鯨が塊のままだったら、魚屋さんたちは、手、出しません。筋がついとるから。だけぇ、仲買たちは捌いて、筋をのけんといけん。その筋がね、トロ箱に三杯も、四杯もできるんよ。それ、廃棄処分なんです。親父は専門家やけん。「あ、おれ、持って帰るわ」っち、

図21　ミンククジラの筋をのぞく（ロフォーテン諸島，ノルウェー，2015年6月）

ただ同然でもろうて来て、それを売るんです。そんまま切って、炊いたら旨いんでねぇ。その頃、感心したもんです。「すごいなぁ、商売人やなぁ」っち。

いま、筋は滅多に入りません。でも、この前、ニタリの筋が入ったんです。* ミンクとちごうてニタリは固いんよね。ベーコンにしても、なんにしても。だけん、ベーコンでもね、三〇分ぐらい長《なご》う炊かんといかんけぇ。ほで、おでんに使うように柔くしようちゅうてね。

四時間炊いても、固うて、喰えん。「柔らかくするには、どうしたらいいか」っち、辻調、大阪の辻調理師専門学校の先生しよった人に訊いたんよ。簡単やった。糠《ぬか》とパイナップルっち。それを水に入れて六時間炊いたら、固うて、固うて、犬も喰いきらんっちゅう筋が、もうベロベロに柔らこうなった。やっぱ、プロはちがうよね。

＊　一九九四年にはじまった北西太平洋鯨類捕獲調査ＪＡＲＰＮ（ジャルパン）では、二〇〇〇年から第二期調査（ＪＡＲＰＮⅡ）が継続されている。ミンククジラのみを対象とした第一期調査の捕獲上限は一〇〇頭に設定されていたが、ＪＡＲＰＮⅡでは、ミンククジラ一〇〇頭に加え、ニタリクジラ五〇頭、マッコウクジラ一〇頭が捕獲対象とされた。さらに二〇〇二年度以降は、イワシクジラ五〇頭（二〇〇五年より一〇〇頭）も調査対象に加わった。しかし、二〇一四年三月の国際司法裁判所の判決をうけ、二〇一四年度より、ＪＡＲＰＮⅡの沖合調査の対象はニタリ鯨二五頭とイワシクジラ九〇頭のみとなった。

テレビ番組の威力

金子信夫っておるやないですか？　料理番組の。東ちづるがレポーターしよったやつ。うちに来たんも、東ちづるやった。「この尾の身をお召しあがりください」って、テレビでいうたことあるん。そのあと、すぐ「あの鯨、いま、ありますか？」って、広島から電話がありました。「どれくらいありますか？」っち訊くけん、「四キロちょっと」って答えたら、「全部、ください」っち。そんとき、一〇〇グラム一万円ですよ！　だけん、全部で四〇万円！　個人客でした。

そんときはナガスです。アイスランドのナガスでした。アイスランドのナガスは、最初は駄目やったんよね。冷凍が悪ぃでね。身がふやけとるいうて、ね。力がないしね。身がダッとるんですよ。ほで、いっとき、日本から人を派遣して、教えたらしいですね。それからようなったですね。ほで、テレビに出たんは、ナガスの若いボケ身の二級やった。見かけは、あんまりようないけどね。そんかわり、トロそのものやけん、食べたら最高やったですよ。

うちに南蛮漬けってあるでしょ？　焼いてもいいし、揚げてもいいやつ。たまたま家内が店頭にホットプレート置いとって、焼きよったんです。そしたら、男の人ふたり連れが、「うわぁ、奥さん、なんかいい匂いですね」。「食べてみますか？」。「いいですか？」っち、試食させせたら、そのふたりは「美味しいですね」っち。その人らは関西テレビのディレクターちゅうことで、「取材させてくれ」っちゅうことになったんです。ほで、「にじいろジーン」やったかな？　ベッキーとかね、ぐっさんとか出とる番組あるん。ただの番組やなかって、お取り寄せ番組やったんやね。

その頃、南蛮漬け、五五〇円で売りよったん。ほな、「これを番組用に三五〇円でだしましょう」っちゅうことにしたんよ。そしたら、まぁ、爆発的に電話かかって。二五〇万円も売ったん。もう、そんかわり電話、朝から四日間、鳴りっぱなしやった。ほで最初はいちいち注文をその場で訊きよったけど、二日目から、「わかりました。すみません。のちほど電話します。おそらく夜になります」。で、夜、ジャンジャン、電話しよった。電話賃、いつもの四倍かかった。

テレビはもう何十回も出たけど、ね。それだけ反響あったの、はじめてやった。そんとき、映ったの、南蛮漬けだけやない。ベーコンとか、ほかのも映ったけん、もう、映った商品、みな注文あった。ほらもう面白かったですよ。一〇月の三〇日に放映して、一二月の中旬までぶっ通しで忙しかったもん。仕込みも大変やった。寝らんでしよった。毎日、一ケースずつ溶かしよった。一五キロずつね。溶かしたあと、味つけるんです。綺麗に筋とってね。うまく柔くせんとね。わたしら専門家やけん、ねぇ。なんちゅうことないけん。

小切れ六〇グラムのしあわせ

考えてみたら、こんな三坪半ぐらいのスペースで、もう五三年も頑張ってきたんやね。ほかに能がないもんやけん。ただ、ねぇ。わたしも、人に負けるの嫌いやけん、この業界で一番になろうっち、思っとったよ。ほで、一時、まぁ、こういうたらあれやけど、小倉の超一流の店、全部、持っとった。それは自慢できるわね。でも、どんどん離れていったけどね。値段が高いのもあったけど、わたし、脳梗塞したんです。もう、一二年も前ですけど、ね。店、休んだんは、入院してた二週間ちょいです。ほで、すぐ店に出たんは、出たんやけど、半年ぐらい、仕事にならんやったね。

いや、五年ぐらい悪かった。鬱が出たりしてね。お客さん、みんな逃がしてしもうたんです。仕方ないですよね。イライラして、どなりちらしよったけんね。買いに来た客に、ですよ。板前連中に「教えてやる」っちゅう感じで。それで、どんどん減っていったんです。いまでは、なんで、あんなんやったか、わからんけど、ね。

うちは、常連がほとんどですね。だけん、客のほとんど、わかります。ほとんど毎日のように来る人もおれば、二日に一ぺん、三日に一ぺん、来る人もおるしね。みな年寄りだし、たくさんは買わんけどね。ありがたいことやね。第一、たくさん買えるほどの金額やないけんね。だけん、ええ売り方しよんのです。小切れの六〇グラム、二〇〇円っちゅうのは、量も、金額的にも、ちょうどええんです。ちょっと足らんでも、それぐらいでええんよ。そんなん腹いっぱい食べる商品でもない。これだけ、食べるわけやないけんね。二〇〇円いうたら、晩酌にもいいでしょ？　奥さんが買《こ》うて帰るじゃないですか。旦那に食べさせたら、ね。「お前、これ、なんぼしたんか」っち訊いたそうです。で、「『ついででいいけん、また買うてきてくれ』っちいう」んだそうです。でも、その奥さんは「絶対、いうわけにいかん。がっかりするけんなぁ」っち。でも、わたしは、「安くて旨い」っちゆうのが、鯨の基本やと思っとるんです。*

＊　二〇一六年現在、日本の鯨肉供給量は四〇〇〇トンと見積もられており、ひとりあたりの年間消費量は三三グラムとなる。岡崎さんの販売する「小切れ六〇グラム」パックの消費動向からも、小倉における鯨肉消費の位置づけがわかるというものだ。

わたし、息子にいうてます。「鯨とか、稀少価値やけん、少しは置いといてもええけど、ほかの商売せい」っち。魚屋も、むずかしい。「一番ええのは、野菜屋や。金もかからんで、できるけぇ」っち。鯨だけで喰うていける時代やない。商品がないんやけん。せめて、ね。ナガスとイワシとミンクが常時、並んであって、お客さんが選別して買えるような状況なら、まだ魅力あると思います。でも、もう、いまなんてね。「今日はナガスありますか？　ミンクありますか？」。「ありません。明日も入るか、わかりません」じゃ、商売にならんきね。むかしはいい時代やったよね。安うて、美味しかったよ、ね。

わたし、まぁ、せめて、あと、二、三年やと思ってます。もう、七四ですけん。ずっと立って商売するっていうのも、きちいんよね。

こんなに美味しいものは、ほかにない

常岡梅男《つねおかうめお》さん　昭和一六年（一九四一）、下関市生まれ。林兼産業株式会社で鯨肉入り魚肉ハム・ソーセージの製造に携わる。平成一〇年（一九九八）から同社下関工場長を務め、平成一四年（二〇〇二）、定年退職。

魚肉ソーセージ一筋

林兼（株式会社林兼産業）に入社したんは、正式には昭和三六年（一九六一）です。昭和三四年（一九五九）に高校を出てから、林兼でアルバイトをしよりました。その年の魚肉ハム・ソーセージの生産量は、業界全体でも、まだ六万九〇〇〇トンでした。一〇万トンを越えたんは、わたしが入社した昭和三六年です。林兼でも、昭和三六年から昭和四〇年（一九六五）にかけて下関第一工場を増改築したり、昭和三七年（一九六二）に大阪新工場をたちあげたりと、「作っても、作っても、足りなかった」時代に、入社したわけです。

大洋漁業（以下、マルハ）は、中部謙吉さんが社長さんで、その弟さんの利三郎さんが副社長さんでした。「魚を捕ってきて売るばっかりじゃなく、加工品を作ったらどうか」っちゅうことで、利三郎さんが林兼産業を作ったんです。だから、林兼はマルハの子会社じゃなしに、傍系会社っちゅう位置づけです。林兼の製品は、マルハが販売してきました。林兼産業は、設立以来、ずっと下関です。子会社として、林兼デリカっちゅうのもあります。その前身は林兼缶詰でした。林兼缶詰は、もともと鯨とか、アサリ、赤貝なんかの缶詰を作っとった会社です。

入社以来、わたしは魚肉ハム・ソーセージをずっと担当してきました。工業高校やったから、工務課っちゅう部署で、工場の省力化の仕事を四年間やりました。ある程度、工場の全体がわかってきたときに、市場調査をやるっちゅうんで、商品企画に四年行きました。その間に、マルハの九州支社に半年間ほど、実習に行きました。博多駅のすぐ前です。この半年間の経験は、勉強になりました。朝、二時ぐらいから、市場に行くんよね。冷凍食品やハム・ソーセージが、どういう状態になっとるかっちゅう調査です。ちょうど、マルハに出向したのは一〇月じゃったけんね。年末にかけて福岡から熊本、鹿児島なんかの魚市をまわることができました。昭和五五年（一九八〇）ぐらいのことです。

魚肉ハム・ソーセージの歴史のなかで、これだけ伸びた理由のひとつは、フィルムの革新にあるんじゃなかろうか。ハム・ソーセージを包む、あれです。むかしはライファンフィルムを使ってました。昭和三四年（一九五九）までのことです。これはゴワゴワなんです。綿糸で結んでいたので、家内工業に下請けにだしてました。内職ですね。片方だけを縫うんです。それに原料を充塡して、もう片方を今度は工場で結紮《さつ》する。こういうことをやってました。

魚肉ソーセージの躍進

昭和三五年（一九六〇）になって、今度は塩化ビニールデンね。いまのソーセージのフィルムが出て、ハンドパッカーっちゅう、アルミのワイヤーで両端を結紮できるようになりました。ゴワゴワがなくなったんで、できたことです。でも、事前に片方のフィルムを結紮しておくちゅうのはいっしょでした。

ラインとしては、擂潰機《らいかいき》っちゅうのがありました。文字どおりに原料を擂《す》りつぶす機械です。まぁ、いうたら石臼です。一回にだいたい三六〇キロの魚の肉をいれて、三〇分ぐらいかけて擂りつぶしていました。だから、百貫（三七五キロ）臼っちゅうんです。

臼は、鉄とか金属製では駄目なんです。原料が熱くなるっちゅうこともあるんじゃけど、搗《つ》くんではなしに、杵がグルグルまわって擂りつぶすわけじゃから、金属だと、ツルツル滑っちゃうんよね。杵はサクラでした。いまも蒲鉾とか竹輪とか、はんぺんなんかは、石臼を使っとるはずです。

林兼では、昭和四〇年（一九六五）ぐらいにドイツ製のコンビカッターっちゅうのに替えました。これは、むこうでソーセージかなんかに使う、そういうための機械なんです。うちの担当者がドイツの見本市に行って、その機械が畜肉に使われとるから、魚肉にも使えんかっちゅうことで。杵でつぶすんじゃなくして、四枚ほどの刃のようなヘラでかきまわすんです。カッタージゃけん、ね。でも、このコンビカッターでは不十分やったから、もう一個、ミクロカッターちゅうのを組み合わせてやってました。それもドイツ製でした。こういう風にダブルでかませることで、石臼とおんなじような練り肉を作る。いままで三〇分かかっとったのが、半分

図22　マル幸商事（下関市）の鯨肉入り魚肉ソーセージ（70グラム）．調査捕鯨副産物のミンククジラの肉を15％配合している

ぐらいでできるようになりました。

作る方は、いまもこの方式です。一番、変わったんは、充塡《じゅうてん》、詰める方法ですね。最初は、手で一本ずつ詰めてました。それでも、一分間に、上手な人だと一二本ぐらいはできとったじゃろうね。五秒に一本じゃね。だから、その頃は、とにかく人がたくさんいっとったわけ。ベルトコンベヤーで流れてきて、両側にラインがあって、ほんでハンドパッカーちゅうので、ガチャンとやらにゃいけんけぇ。六名×六名の一二名ぐらい。で、フィルムを挿す人と、取る人で、ふたり。

つぎは機械。なかにシリンダーをいれて、シリンダーが動くことで肉をビューっとだして、心太《ところてん》みたいな感じで充塡するようになりました。これも、一本ずつやったけど、ね。一本ずつ、ビューっと出たやつを、上下からガチャンとやって結紮する。自動充塡結紮機っちゅう名前がついとったんですけど、ね。これが毎分三六本。毎分三六本ってなれば、ものすごいことです。しかも、今度はひとりが二台受けもつようになったんじゃけぇ、ね。ふたり一組で手作業していたことからすりゃぁ、段ちがいです。

昭和四〇年（一九六五）ぐらいになると、今度は縦型の充塡機ちゅうのが出てきて、毎分一〇〇本ちゅうことになりました。横から肉を詰めよったんが、今度は縦になったっちゅうことよね。三六から一〇〇に性能が三倍近くも上がっちゃったわけ。だから、「わっ、すごい」っちゅうことで、ドンドン、ドンドン生産量を増やすことができた。いま現在は毎分二〇〇本です。こうなったのは、昭和六一年（一九八六）のことです。

この充塡機の開発に最初の横型の試作機のたちあげから、縦型の毎分一〇〇、二〇〇になるまで全部、携わることができました。

メインはMソーセージ

魚肉ハム・ソーセージは、林兼が一番多いときのシェアは、だいたい二五％ぐらいかな。昭和四三年（一九六八）ぐらいのときです。マルハ全体で三六％のうちの、二四から二五％ぐらいを下関で作っとった、ちゅうことです。林兼がぐっと伸びたのは、昭和三七年（一九六二）に大阪工場ができてからです。Mソーセージっちゅう、一番メインの商品を大阪工場で作ることになりました。これまで下関で作っとったMソーセージも、全部大阪に行ったんやね。で、ほかのもろもろの小物とか、ハンバーグとか、ベビーハムとかいろんなものを、下関で作るっちゅうことになりました。

Mソーセージのはっちゅうのは、サイズのことです。当時はサイズによって、Lソーセージ、Mソーセージ、Sソーセージってあって、Lソーセージが一三〇グラム、Mソーセージが九〇グラム、Sソーセージが五〇グラムってなっとった。ウィンナーなんかは二四グラムでした。

いまは魚肉ソーセージっちゅうたら、七五グラムとか、八〇グラムなんかが主流じゃろ？　あまり売れなくなって、さげて行ったっちゅうことですね。魚肉ソーセージの価格は、昭和四〇年（一九六五）の記録があります。Lが三五円でMが二五円。ベビーハム一四〇グラムっちゅうのが六〇円でした。*

＊『週刊朝日』が編集した『値段の明治・大正・昭和風俗史』シリーズによると、一九六五年の東京における物価は、精肉店の手作りコロッケ一個二〇円、食パン一斤四〇円、ラーメン一杯七五円、コーヒー一杯八〇円、天どん一杯二五〇円、とんかつ一皿三〇〇円（ライス別）、白米一〇キロ一一二五円であった。なお、同年のサラリーマンの平均月収は三万三〇〇〇円であった（「賃金構造基本統計調査」）。

昭和天皇皇后両陛下、行幸啓される

昭和天皇、皇后両陛下が昭和三八年（一九六三）一〇月二九日に下関食品工場をご視察されました。山口で開催された第一八回国体にご臨席される日程のなかでご視察されたものです。「魚肉ハム・ソーセージと畜肉のハム・ソーセージの製造方法はおなじですか？」、「輸出はしていますか？」とご質問されたと聞いています。食品工場関係としては、おそらく、はじめてのご視察ではないでしょうか。

鯨肉は三五〜三八％

魚肉ハムと魚肉ソーセージの決定的なちがいって、なんじゃと思いますか？　ハムは、固形肉、つまり肉の塊が二〇％以上入っちょらんといけんのよね。ちゃんとJAS法で決まっとるんよね。＊二〇％以上の固形肉も、ただ単に入っとるっちゅうんではなしに、二センチ×二センチっちゅうのが、ひとつの基本なんです。要するに、もとになる固形肉には、二×二のブロックを使って、それが全体の二割ほど入っとったら、ハムと呼んでもよろしい、ちゅうことなんです。肉は、加工の途中で崩れても問題ない。それは当然じゃから。これがJAS法で決められた規則で、あとはメーカー次第です。

＊『朝日新聞』一九六二年三月四日の朝刊一〇頁には、「ハムやソーセージにも規格」と題し、つぎのようにある。「最近ハム、ソーセージ類の種類がふえる一方、魚肉ハム、ソーセージの普及で内容のまぎらわしい物が出回ってきたので、農林省はハム、ソーセージにも日本農林規格（JAS）を適用することになり、三日その規格を発表した。（中略）規格では畜肉（牛、馬、ヤギ、羊）を原料とするもの、魚肉（クジラを含む）を混合したもの、魚肉を主原料とするものの三種に大別し、さらにこれを細かく分類し、それぞれに原料の肉の種類と水分とデンプンの含有量をきめた。畜肉関係は日本食肉加工協会、魚肉製品は日本冷凍食品検査協会が格付けして品名を書いたJASマークをつけ、製造業者名、製造年月日を明記する」

うちでいえば、たとえば、ソーセージもハムも、豚の脂肪を使います。豚の脂肪にも種類があって、ソーセージだとB脂肪っちゅう溶ける脂肪を使うけど、ベビーハムは加熱しても溶けない固いA脂肪を使います。

昭和四一年（一九六六）のソーセージの場合です。原料は、鯨が三五％、鮪《まぐろ》が五％、カジキが五％、鱶《ふか》が一〇％、それから底引きものが二〇％で、アジが二五％でした。こんときの鮪っちゅうのは、キハダとメバチです。ベビーハムは、鯨が三八％、鮪が二七・四％、クロカワカジキが四・一％、それから豚肉の三枚肉っちゅうのが、八・二％、それからスケソウダラのすり身が一二・三％、タチウオが四・一％、それからさっきのA脂肪が、五・五％っちゅう配合でした。原料だけ見てもベビーハムは、うんといい原料を使ってます。

鯨肉を使うには、それなりの晒し工程ちゅうか、加工法がですね、きちっとあるわけ。林兼では、こんな感じでした。マイナス一八度で凍結したものを、冷凍庫からだしてきて、自然解凍します。空気中に放置しておいて、そのあと水のプールのなかに放り込みます。これは常温の水槽です。槽内で表面のグレーズを溶かして、*ゴミとかヨゴレを落とします。そのあと今度はプールからあげてブロック・カッターっちゅうので、鯨の大きなやつを二センチくらいに切断します。この段階では、まだ、ある程度凍っとるからね。それをもう一回、タンクのなかで解凍します。それが終わったら、引っ張りあげて、鮮度不良の肉やら、脂や贅肉、鉄片とか木片なんかの異物を除去します。

＊　グレーズ（glaze）とは、焼物の釉薬・上薬を意味する。この場合、鯨肉の乾燥や酸化を防ぎ、風味を逃さないための薄い氷の膜をさす。水揚げ直後に加工した鯨肉は一気に凍結され、薄い氷の膜でおおわれる。

その作業が終わったら、脱血効果をよくするために、チョッパーを使ってミンチにします。これの四分目で切断処理し、脱血機に送り込みます。脱血っちゅうのは、血を抜くことです。水晒しですね。脱血機っちゅうのは、長い舟形の水槽のなかをグルグル、グルグルまわして、洗いながら、螺旋状に送っていくっちゅう、あれですね。なかの羽を回転させて肉を攪拌《かくはん》しながら前進させて脱血するんです。だから、冠水率が大きいほど、脱血はよくできておったっちゅうことです。これを約一〇分間やってました。晒しすぎちゃうと、肉の旨味とか、そういうものが逃げちゃんよね。だけど、鯨の肉をたくさん使いよるから、臭いがでないようにっちゅうことで、これをやっとったみたいですね。

できあがったものを今度は、漬け込む工程に入ります。一五キロのアルミのケースにいれて、だいたい五度から一〇度ぐらいの冷蔵庫で漬け込んで発色させます。畜肉のソーセージなんかもそうなんやけど、とくに色が大切なんです。じゃないと、晒してるんで、白くなったりなんかしとるじゃろ？　だから、均等な色にしあげることが大切なんよね。鯨っちゅうのは、そりゃ、ものすごく使ってました。さっきいうたように量から見ても、鯨が一番多いんじゃから。鯨がなかったら、魚肉ソーセージはありえないっちゅう感じよね。

大洋漁業の母船が南氷洋から帰って来ると、下関漁港の第二冷凍工場（二冷）に横づけされるでしょ。で、鯨肉が二冷の冷凍庫にベルトコンベアを使って搬入されるんじゃけど、二四時間ぶっとおしで一週間ぐらいかけて荷揚げされとったんです。昼休みなんかに遠くから見学しとったもんです。

原料配合から見ても、これだけの原料使っとったわけじゃから、美味《おい》しいはずじゃろ？ベビーハムなんかは、すでに昭和四〇年代頭ぐらいから、スケソウダラ使いよったんよね。やっぱり、白身をいれんと、全体がドス黒くなっちゃうわけ。ソーセージは着色しとったけど、ハムは、固形肉が入ったりしとるじゃろ？　だから、切ったときに鯨とか鮪なんかが、ポッと目立つように、ね。そのために若干、もとの色を薄くするっちゅう意味で、そういう白いのを使いよったんよね。

ハムっちゅうのは、ちゃんと塊《かたまり》がわかるようになっとらんといかんのじゃけん、むしろ、そういうのいれにゃいかん。鯨と鮪が、見てわからんといかん。六〇円っちゅうよう

図23　魚肉ハム・ソーセージ新聞広告（『読売新聞』，1974年６月25日，朝刊，11頁）

に、こっちの方が倍近く高かったわけなんじゃから。その当時の牛肉とかなんとか見ても、ね。キロ八〇〇円とか九〇〇円もしよったわけじゃから。だから、畜肉は使えんじゃろ。まぁ、豚なんか脂肪しか使えんかったちゅうことよね。

レトルト殺菌法の導入

昭和四九年（一九七四）に、ＡＦ２っちゅう合成保存料が使用禁止になりました。いままでは、ドンドン、ドンドン作って九〇度でボイルすればよかったところが、今度は、レトルト殺菌っちゅうて、一二〇度で四分間ほど殺菌するっちゅうことになりました。このため、結局、前年比で、林兼が六六・五％、業界も全体で七三・九％まで生産がダウンしました。いまのレトルト殺菌一二〇度と、かつての九〇度の差で、「美味しい、美味しくない」がですね、でてきちゃいました。たった三〇度っちゅうて、思うかもしれんけど、やっぱ、ちがうんよ。だいたい加圧せんことにゃぁ、一二〇度にならんきね。二気圧、釜にかけて。缶詰といっしょですよ。そうすると、タンパクを分解しちゃうから、美味しくなくなるっちゅうか、ね。

極端にいうたら、ね。従来の方法でやっとっても、賞味期限を短くすればいいわけ。でも、三ヵ月っていうのが、いままでの慣習やったから、それを短くすることができんかったんよね。だから、製品を三ヵ月もたすためには、どうしても加圧殺菌方式しかなかったちゅうこと。

マッコウクジラは増量剤

わたしが働きはじめた頃は、まだシロナガスも捕りよった時代です。* じゃけど、シロナガスは、原料としては、あんまりまわってきてなかったと思います。加工原料としては、ナガスとやっぱりイワシ、マッコウですね。

＊　南氷洋においてシロナガスクジラが禁漁となるのは、一九六四／六五年漁期からである。

ナガスでもイワシでも、ミンクでも、処理は似たようなもんです。マッコウだけが特別でした。マッコウは、臭みが出るけん、やっぱり脱血が大切でした。極端にいうたら、マッコウの場合は、晒しすぎて、美味しくなくなってもかまわんかった。マッコウっちゅうのは、増量剤みたいなもんじゃきぃね。ハムの場合、マッコウでもなんでも、鯨の肉が入っとるちゅうのがわかることが重要で、美味しい、美味しくないは、香辛料そのほかで、味をつけることができるきぃね。

だいたい、マッコウだけを使うっちゅうわけじゃない。基本は、ナガスとイワシで、たまにマッコウが混じるっちゅうような感じやったね。マッコウちゅうのは、たまにしか入ってこんじゃったから。入ってきたときは、それを何割か使うて、ほかのと混ぜて使うっちゅうことで、マッコウだけを使うっちゅうのは、ありえない。マッコウの割合って、鯨を使う量の二割ぐらいやったじゃろうね、最大でも。

鯨肉から マトン肉へ

昭和五〇年（一九七五）ぐらいに、鯨がなくなるっちゅうことになって、原料を徐々に切り替えて行って、マトン肉を使用するようになりました。で、昭和五一年（一九七六）に完全に切り替わりました。ハムもソーセージも、両方です。在庫を調整しながらの作業じゃったから、まぁ、多少の差はあるじゃろうけど。これは、よその会社もだいたい似たようなもんじゃなかろうか？　捕鯨うんぬんの話じゃから。

マトンは輸入品じゃったけど、安かったし、赤黒くて、鯨の色に近いじゃない？　ハムは、固形肉が必要じゃから、極端に変わるっちゅうことがないようにちゅうことで、ね。

ベビーハムのなかに鯨の固形が入るのとおんなじようにマトンの肉で。それを全部マグロでやるちゅうたら、高くつく。ハムの場合は、固形肉が見えるきぃ、神経使うわけ。その点、ソーセージはミンチじゃから、やりやすかった。

昭和五〇年（一九七五）っちゅうたら、マルハとしての最後の捕鯨船団を送った年です。昭和五一年（一九七六）からは、マルハや日水なんか大手の水産会社が統合して日本共同捕鯨株式会社っちゅうのを作って、そこが南氷洋に船団を送りだすことになったんです。*そんなことが、関係してるんじゃない？　うちの工場にあった親子鯨のネオンサインをおろしたのも、その頃のことじゃきぃね。そりゃ、もう、本土と九州との夜行列車から見える下関の名物だったんじゃけどね。それは、すばらしかったですよ。親子鯨で。

＊　一九七六年二月、捕鯨会社六社（日水、大洋、極洋、日東捕鯨、日本捕鯨、北洋捕鯨）によって日本共同捕鯨株式会社が設立され、七六／七七年漁期に同社は二船団を南氷洋へ派遣した。同漁期からナガスクジラが禁漁となったため、同社が捕獲したのは、イワシクジラ一二三七頭、マッコウクジラ二三四頭、ミンククジラ三九五〇頭であった。前漁期とくらべると、シロナガスクジラ七二頭分の減少であった。『読売新聞』によると、設立から九ヵ月後の一九七六年一一月末までの決算で二億五〇〇〇万円もの赤字であった（一九七七年八月六日、朝刊、八頁）。

社員寮のくらし

わたしが勤めだした昭和三六年（一九六一）頃ちゅうのは、日本全体が元気じゃったんよね。給料なんかも、びっくりするぐらいにあがりよったきぃ、ね。四五〇〇円ぐらいだった給料が、いきなり八〇〇〇円ぐらいになって、それから今度は一万三〇〇〇円になって、っちゅう風に、四〇〇〇〇円、六〇〇〇〇円ってあがりよったんじゃから。そりゃ、実感します。それでも、車までは、まだ、そんな余裕はなかったね。わたしが最初に買ったのは、三菱の軽自動車の中古でした。昭和四七年（一九七二）のことです。

とにかく、ね。わたしたちが入社した頃は、寮におったじゃろ？　会社のB品が、食堂で出よったんです。曲がったりとか、販売できないようなもんです。会社も食費を抑えねゃいかんから、腹ふくらませるために、そういうB品を持って来て、それが夜食やなんかに、別皿でドンと出てました。「どうぞ、ご自由に」ちゅうことで。みんな、ご飯は食べんでも、そっち食べたいもんやから、早く寮に帰るかっちゅう、ね。「わぁ〜、美味しい、美味しい」って、食べよりました。それが、ひとつの楽しみでした。

二六歳で結婚するまで、都合八年間、寮にいました。独身寮っちゅうのは、六畳にふたりじゃった。八畳に三人っちゅうのもありました。男ばっかりじゃろ？　とにかく、まぁ、酒飲む、食べるっちゅう。なんかあったら、号令がかかるわけ。「部屋で、ゴチャゴチャするな」、「食堂にみんなこい」っちゅうて。だから、海水浴にしても、花見にしても、ね。みんな、そういう団体でね。

わたしは下関の出身です。寮でいっしょやったちゅうのも、近隣の出身者が多かったね。一番多いのは、長崎水産（高校）の出身でした。林兼は、水産・食品会社やけんね。大分が二番。そのつぎが山口じゃったな。

工場は一直《ちょく》でした。八時から五時までが基本。でも、残業もありよった。手で作ったりなんかするんやけんね、当時は。一月、二月、三月は暇やから、缶詰を作るんです。鯨の缶詰とか、魚の缶詰とか。それやると、だいたい一時とか二時に殺菌が終わるわけ、夜の。自分たちは、ソーセージを作るの五時までやって、それが終わったら、そこの缶詰に応援に行って、ラインからあがったやつをタオルで拭く、缶拭きの残業をやってました。夜中に仕事っていうことは、缶詰ぐらいでした。残業すれば、そりゃぁ、お小遣いがたくさんで、うれしかったです。ふふふ。

残業は交代でやってました。毎日じゃありません。それで、土曜日とかだと、帰りにオールナイトの映画館です。寮に帰らんと、映画館行って、朝まで映画、見たりなんかしよったね。

あと、なんといっても、野球ですね。大洋ホエールズが優勝したんは、昭和三五年（一九六〇）です。そりゃぁ、すごかったですよ。川崎球場には行ったことはないんじゃけど、ホエールズの試合は、下関球場でもあったから、何回も行きよった。広島球場にも行きました。甲子園の場合は、ね、大阪工場から、貸し切りバスで行っとったちゅうことです。そりゃぁ、もう、ドンチャン、ドンチャン、楽しかったぁ〜。いまでも覚えとる。

鯨の魅力

わたしにとって、魚肉ソーセージの魅力は、やはり、「美味しかった」っちゅうことです。当時、こんなに美味しいものは、ほかにないっちゅうぐらい美味しかった。われわれは、働き盛りでもあるけど、食べ盛りやったから、ね。腹が減ったら、担当のところに行って、「ちょっとB品、食べらしてください」っちゅうて、ね。いま、いうたように食堂でB品が出たりなんかしたら、あっちゅうまになくなりよった。そういう意味では、「食品会社ちゅうもんは、こんなに食べるものが豊富でいいんかな」っち思うぐらいじゃった。

マルハの場合は、気仙沼と青森県で鯨の大和煮缶詰を作っとって、下関では作っとらんかった。ちゅうのも、東北で売れよったから、そっちで作っとったんよね。だけど、こっちでも消費があるから、こっちに送ってきとったわけ。ハム・ソーセージにくらべると、缶詰は、なんか高級品っちゅうイメージがありました。鯨の肉じたいが、尾の身を食べるとか、ベーコン食べるとかじゃなしに、赤身ちゅうと、大根とかなんとかいれて炊くとか、カレーにいれるとかして食べるんやから、大和煮なんかは、やっぱ独特の味やった。

鯨は、ねぇ〜、やっぱり、量が豊富やったですよね。安いっちゅうのと、それしか食べたがことないっちゅうたら、それまでやけど。でも、なんちゅうたったって、鯨は美味しいよね。われわれが会社へ入った、昭和三七年（一九六二）、三八年ぐらいまでは、腹身とかなんとかいうたら、尾の身が、まだ原料に混ざっとったんよ。それをね、全部、担当者が抜かしとる。それを凍結庫にいれとってね。花見とか海水浴とか、ね。あの頃は楽しみがなかったから、みんなでやる行事のときに、ドーンと、そういうのが出てくるわけ。ほいで、もう、「わ〜、こんな美味しいものがあるんかぁ」っち、感動したもんです。

当時、マグロでもね、まだまだトロなんて、そんなに食べよったわけじゃない。わたしらもトロがどうだとか、そういうのが、わからないで、ね。赤身の綺麗なところが美味しいっちゅう感覚でね。でも、尾の身って、まさに脂がちょっとあって、口にいれると溶けるっちゅう、トロと似た感じの食感です。

肉なんか、せいぜい、お祭りとかなんかのときに飼っとった鳥を絞めるぐらいじゃったかな。大人になってはじめてちゅうことはないんじゃろうけど、豚とか牛を食べた記憶はまずない。とにかく鯨が一番のご馳走やったきぃね。社会人になってから、ある程度、お金が自由になるじゃろ？　酒飲みに行くっちゅうても、たいていは焼き鳥屋じゃったきぃね。ほで、鳥やら豚やらの串を食べたとき、「うわ〜、こんな美味しいもん、あるんかぁ〜」って。でも、また、会社の行事なんかのときに尾の身やらを食べて、「いやぁ、やっぱ、鯨、旨いな」って。

だけど、やっぱり、そういう肉も、たまには食べたいから、まぁ、一週間に一回ぐらい、休みの前に焼き鳥屋に行くとかね。まだ、われわれの頃は、食堂に入ってとかいうんじゃなしに、一杯飲み屋っちゅうか、そういうぐらいの給料やったね。豚カツとかね、カツ丼とかうんぬんは、まだ、その先（笑）。

いまは、もちろん、なんでもあってありがたいんじゃけど、わたしは、なんちゅうてん、鯨が好きじゃけんね。

鯨一頭食べる会、またやりたいな

大西睦子《おおにしむつこ》さん　昭和一八年（一九四三）、大阪生まれ。昭和四二年から大阪で鯨料理専門店徳家《とくや》を経営。

フグはあかんわ

もともと実家はね、料理屋やったんですよ。でも、わたしが結婚するときは、もう廃《や》めてましてね。わたし自身も、そういう商売の経験もなにもなしに、おったんですけども。結婚した相手がね、そこの黒門市場《くろもんいちば》の魚屋さんの次男坊で、男兄弟四人おるんですよ。その四人とも、みな魚屋手伝うてたんですよね。当然、結婚すれば、お嫁さんとして、お店の手伝いせないかん。いまは、みな、おしゃれもして、ちゃんとしてはるけどね。その当時、魚屋の女将《おかみ》さんって、ね。長靴履いて、男の人とおんなじように手鈎《てかぎ》ぶらさげて、やってたんよ。どうもあんなん嫌で。

そやから結婚の条件をつけたんですよ。「わたしと結婚したいんやったら、魚屋、やめてくれ」って。けど、生活していかんならんから、ね。「ちいちゃいお店でもええから、店、だしたい。小料理屋みたいなもん、やりたい」。それを条件にむこうの舅・姑にいいに行ったんです。ほんなら、「大丈夫や」と。「ひとりぐらい、男の子な。お嫁にはもらうねんけど、養子にやったような気持ちでおるから」って、心よう承諾してくれはって。

当時ね、まだこの辺、坂町っていうてたんですけど、ここから一分ぐらいむこうのところに商店街があるんです。七坪半のちっちゃいお店なんですけども、そこで小料理屋をやったということで。結婚と同時にね。

「さぁ、何屋をやろうかな?」っていうことになるやん？　あんまり深いこと考えてないし。ただ、「魚屋は嫌やな」っていう気持ちだけやったからね。その魚屋がフグなんかをようけ扱《あつこ》うてたからね。それで、あわよくば、「そこから安く仕入れて、すりゃええやろ」思うて、フグ屋やったんですよ。それが昭和四二年（一九六七）の九月です。

フグなんて冬のシーズンのもんやから、ね。なおかつ、やっぱり、知り合いやら、親類縁者やって来るやんか？　一二月なんかなるとね、ものすご忙しい。「商売って、ええもんやな」思うてたら、途端にね、三月ぐらいになって春めいてくると、パタっとお客がとまるんです。当時は、フグなんて冬のもんで、だいたいフグ屋さんなんか、夏場休んでたりしてたんですよね。「なんで、こんな暇なんかな」って、「リサーチしたろ」思うて近所歩きしたんです。

当時はフグの安い時代でね。高級なフグは、もちろん高かってんやけども、大阪って、庶民的な安いフグもあるんですよ。そしたら、ね。そこの鮨屋も飯屋も、もう、どこもかしこも、「フグ」「てっちり」っていう提灯だしてますねん。「あぁ、こりゃ、競争相手、多すぎるわ」って。ましてや、わたしら素人《しろうと》やから、お客のあしらい方も上手でもないし。ただ、知り合いが来てくれるだけで、ひととおりまわったら、もうあと来ませんやん。「こりゃ、なんとかせなあかんな」って。それで思うたんは、競争相手が少ない商売。

母に相談したんですよ。「競争相手の少ない商売。フグはあかんわ」。ほな、母が、「鯨なんか、どうなん？　大阪らしうて、ええんちがうの？」って、いうてくれたんですよね。わたしにしたら、もうね、鯨が猪でも、兎でも、なんでもよかったんですよ。「競争相手の少ないの」しか頭になかったから。そんで「あっそうか、鯨もええな」思うて。わたし、いつも訊かれんねん。「先祖は鯨捕りやったんか」とか、「太地《たいじ》生まれか」とか、ね。でも、全然、関係あらへん（笑）。

徳は弧ならず、必ず隣あり

徳家っていう名前も、母がつけてくれたんですよ。本当は、主人の方の舅や姑につけてもうたらよかったんですけどね。でも、舅や姑さんが、気つかって、「お母さんにつけてもらいなさい」って。で、母につけてもうたら、「徳家」っていう名前やったんですよね。嫌いでねぇ、それが。「もっと粋な名前つけてほしい。なんや、もっちゃりした名前やな」思うたんやけども、頼んでつけてもうてんのに、「嫌や」いうわけにもいけへんし。舅や姑は、「いい名前やんか」っていうてくれたから、それでつけたんですよ。

なんで、そんな名前つけたんかいうことも訊かずに、ずっときてたね。（山口県）長門の通《かよい》に向岸寺っていうお寺があるんです。*で、そこのお寺に鯨の塚があるんですよ。お腹《なか》に子どもがいる鯨を捕ったときに、胎児を、そのまんま捨てないで、お寺の横に塚を作って、胎児をさらしで巻いて、お酒を一升かけて、葬ったそうなんです。お参りに行ったら、その鯨塚の前に清月庵っていうて庵《いおり》があってね。ちょうど、お昼どきで、陰膳《かげぜん》をそなえてあるんですよ。陰膳の主いうと鯨なんです。胎児だけやのうて、鯨に戒名がついてんの、ね。で、和尚さんから「毎年、鯨の供養している」話聞いて、ポッと上を見あげたら、額がかかってあったんです。「徳不弧」（徳、弧ならず）っていう、孔子の文言《もんごん》でしてね。

図24　向岸寺（山口県長門市通，2011年９月）

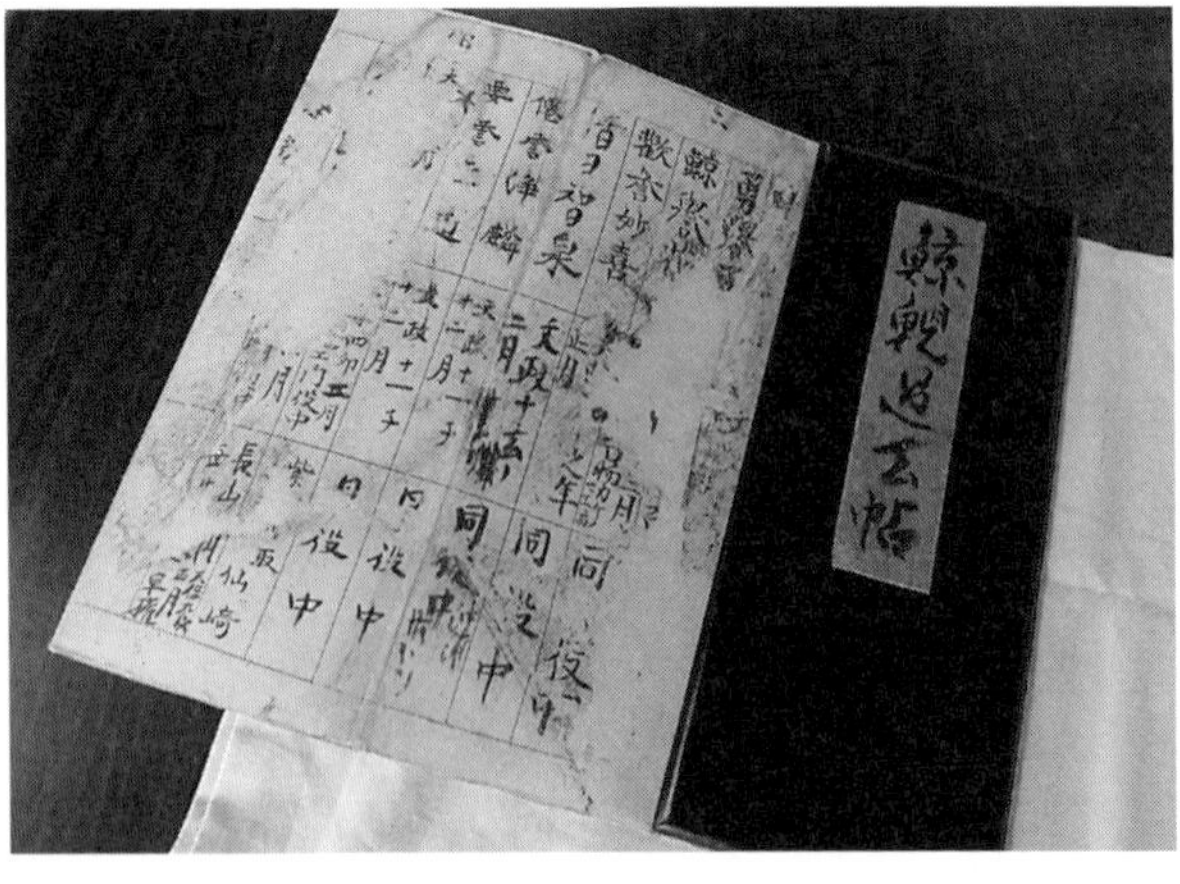

図25　『鯨鯢過去帳』（向岸寺所蔵）

図26　鯨の墓（向岸寺，2011年９月）

＊　一四〇一年、西福禅寺という禅宗寺院として開創。一五三八年、浄土宗忠譽英林上人により再興され、海雲山般若院向岸寺として今日にいたる。通周辺では、一六七〇年頃から、網取式捕鯨が発達した。五世讃譽春随上人が一六七九年に鯨回向法要をはじめたとされ、今日でも四月下旬におこなわれている。なお、向岸寺には、捕獲した鯨に戒名をつけ、鯨の種類、捕獲した場所、捕獲した組名を年月日順に記録した『鯨鯢過去帖』が残されている。四冊あったとされるが、第

一巻は現存しない。第二巻には、一八〇二年から一八四二年の四〇年間に二四三頭の戒名が明記されている。

「あぁ、そうか。『論語』に、『徳孤ならず』いうのがあるわ」思うてね。徳のあるところには、必ず人が集まるっていうことですよね。「結局、『店さえ、しっかりしておれば、たくさんのお客さんが来られる』っていう意味で、つけてくれたんやな」と、そのとき、ハッと思うたんですよ。そう思うたときは、もう母は亡くなってましたけどね。

尾の身だけはケチりなや

商売はじめた当時ね。何軒かはあったんですよ。この近くにも、鯨の料理屋がね。道頓堀にはバレニエいうてマルハが経営してたんとか。下大和橋にも西玉水《にしたまみず》いうて、ものすご古い、一〇〇年ぐらいつづいてるようなお店が。でも、まぁ、たしかに競争相手も少ないし、やることにしたんやけど、やっぱ、鯨は家庭料理やったんです。ましてやハリハリ鍋なんていうたら、ね。もう、わたしたち子どもの時分、冬場、一週間に四回ぐらいハリハリ鍋ですわ。

大阪の人ってね、おばんざいで、安うて美味《おい》しいもの、よう知ってますからね。船場汁《せんばじる》いうて鯖のアラで、すまし汁作ったり、あんなんしますやろ？　当時、鯨なんて安かったんで、ハリハリ鍋をよくやったんです、コロいれて。*コロは、滅茶苦茶でした。あんなん、脂の絞りかすやからね。ほんで、それもね、特定の地域しか食べないんですよ。大阪はよ

図27　徳家周辺（大阪市中央区千日前1丁目）は，もっとも難波らしい賑やかな場所のひとつ（2012年12月）

う食べました。京都もです。そやけど関東なんか、よう食べへんし。＊＊で、もう安い、安い。それこそ、乾物屋で、「笑《わろ》うたら、くれるわ」いうぐらいね。でも、わたし、けっして、これ好きやなかってね。あの石鹼くさい臭いが嫌でね。でも、まぁ、そんなんで、家でようハリハリ鍋、食べてました。

＊　鯨の脂身から油を絞ったかす。

＊＊　コロ（煎りがら）が江戸っ子に知られていなかったことについては、『東海道中膝栗毛』の第六編（一八〇七）からもうかがわれる。宇治から淀川をくだる舟中で大阪人が弥次郎兵衛に、「鯨の油取った後滓じゃさかい、大阪じゃあ煎りがらというわいな」と勧めるシーンがある（伊馬春部訳、二〇一四年、一四七頁）。

そやけど、そんなもん、おなじもんを作ったんでは、お客さん、来てくれへんし。で、千日前とか道頓堀の方は大衆店《みせ》が多かったんですけど、わたしが商売した相合橋《あいあいばし》筋なんかは、割と粋な店が多くって、客筋もよかったんですよ。それで、そのハリハリをね、料理屋の料理にするには、「高級な感じにせないかん」いうことで、尾の身一〇〇％でハリハリ鍋をやったんですよ。その頃、赤肉やらコロは安かったけど、尾の身は高級品やったからね。たしかに美味しいですやんか。口の肥えた人には、そんなんが好まれたんか、ボチボチ、ボチボチね、お客さんもついてきて。

わたし自身、母親にアドバイスされたんは、ひとつだけ。「尾の身だけはケチりなや」って。このことばが頭にあったから、ね。毎朝ね、六時とかに中央市場に仕入れ行きますねん。あんな嫌がってた長靴履いてね。だって、なめられるやんか。チャラチャラした格好して行ったら。プロみたいな格好して行かな。帽子は被らんかったけどな（笑）。ナイフ持って行ってね。チョッ、チョッて削って味見して、仕入れてた。

ほんな七坪半の店やから、板場ひとりと、わたしと、主人とで、まぁ、店員さんひとりか、ふたりぐらいしかおりません。そんなようけも売れへんけど、ボチボチ、ボチボチ、お客さんもついてきて。ほで、七坪半の店のちょうど隣が売りに出たから、隣も買うて、一五坪ぐらいなりました。で、やりだしたそのときに、商業捕鯨が怪しなってきたんですよ。せっかくここまできたのにね。「なんで鯨、やめんなんねん」いうことで、東京の捕鯨協会へ乗り込んで行ったんが、この問題と関わるきっかけなんです。調査捕鯨がはじまる前のことやから、もういまから三〇年以上も前のことやね。

水菜・白鯨

むかしは水菜《みずな》は冬しかなかったんで、夏場、店は休んでました。そのかわり冬はフル回転です。でも、どっかの種屋さんが品種改良して、水菜が一年中とれるようになったんです。水菜っていうのは、夏場にあんまり日差しにあたると枯

図28　徳家のハリハリ鍋

れてしまうらしいですわ。で、種屋さんがいろいろ改良して、夏場でも強い苗ができるような種を開発してくれて。「白鯨」いう名前つけてましたわ、水菜の種に。* 鯨とハリハリを見越してのことやね。水菜が出会いもんやいうの、知ってくれてたんやね。

＊『白鯨』は米国の小説家、ハーマン・メルヴィルが一八五一年に発表した長編小説で、米文学の代表作とされる。原題は ***Moby-Dick, or The Whale***（『モービィ・ディック、もしくは鯨』）。メルヴィルが一八四〇年代に乗船した、マッコウクジラを中心とした太平洋捕鯨の経験にもとづき構想されており、船長をトップに組織される捕鯨船内のヒエラルキーの末端に太平洋諸島の先住民たちが位置づけられているなど、当時の米国式捕鯨に関する資料的価値も高い作品である。

あれ、なんのため、あの種屋さん行ったんやったかな？　たしか鯨料理の本作るときやったね。本出たんが一九九五年（平成七）四月やから、九三、九四年頃やろうね。それまでは、ほんまに夏場、水菜なんか、なかったんです。そやから店かてね、水菜のないあいだは、一ヵ月とか二ヵ月とか、休んでたんです。でも、そないして隣の店も買うて大きしたら、そうそう休めへんでしょ？　ちょうどええタイミングで、やってくってことになったわけですねぇ。実際、夏もやりだしたら、お客さんもハリハリ鍋、喜んでくれはりました。だいたい、うち来はるお客さんの九〇％は、ハリハリ食べはります。

『徳家秘伝鯨料理の本』

『徳家秘伝　鯨料理の本』は、たしか一万部刷ったんちゃうかな？　もう、本屋には置いてへんねんけど。絶版なるいうから、うちが引き取ったからね。それでも、まだ一〇〇〇冊ぐらいは残ってるんとちゃう？売れたいうんではなしに、まぁ、配ったり、図書館に寄付したりとか、な。そのうち、海外で出まわってるのは、二〇〇〇部ぐらいとちゃうかな？　わたしも、IWC行くときは、持って行って、むこうで撒いたり、あっちこっち、持って行ってるから、ね。

ここに載ってるレシピって、ほとんど、わたしだけのレシピなんよね。ほんまは、わたしにしたら、もっと日本全国歩きまわって、地方の、たとえば、新潟の本皮の鮨やとか、東北の鯨汁やとか、いろんなもんも調べてやりたかってん。けども、ただ、これやるようなったとき、捕鯨がもう一番大変なときで、ね。

うちは、ほとんど、そのときはアイスランドのもんしか使わなかったんや。日本のもんは、もう、ほとんど在庫ないし、あっても二〇年も、三〇年も前のもの、持って来たりするから。ほいで、ええもんいうたら、やっぱアイスランドの調査捕鯨で捕ったナガスやねん。*当時は、日本の技術者が指導に行ってたから、ものすごええ製品できてたんよ。ほんで、まぁ、ちょっと時期尚早やなと思うたけども、とりあえず、そのあるもんだけでも写真に撮っとかんとって。いまでこそ調査でイワシ捕って、尾の身が、食べれるようになっ

表1　『徳家秘伝　鯨料理の本』に出てくる料理と使用部位

料理の種類	料　理　名	部　　位
鍋もの	ハリハリ鍋	赤身･尾の身
	すき焼き	赤身
	土手焼き	筋肉
汁もの	鯨汁	本皮
	もち鯨	本皮
	味噌汁	尾羽毛
刺身		尾の身
		畝須
		本皮
		赤身･本皮
		心臓
		サエズリ
		脂須の子
たたき		赤身
茹でもの		畝須
		小腸
		腎臓
		睾丸
		尾羽毛
おでん	コロおでん	コロ
煮もの	しぐれ煮	あばら肉
	さえずり煮	サエズリ
	シチュー	赤身
揚げもの	カツ	赤身
	唐揚げ	赤身
焼きもの	ステーキ	赤身
	生姜焼き	赤身
和えもの		かぶら骨
湯引き		皮
味噌漬け		本皮
塩もの	塩鯨	赤身
	塩鯨の茶漬け	赤身
ベーコン		畝須
	ピラフ	畝須
	エッグココット	畝須
	ソーセージ	畝須
	サラダ	畝須
ジャーキー		赤身

（出典）　大西［1995］より筆者作成.

図29　『徳家秘伝　鯨料理の本』(1995)

たけどもね。もう、わたしら自分の目の黒いうちは、尾の身なんか、食べられへん思うてたもん。それぐらい深刻やったんよ。**

* アイスランドは一九八六年からの四年間、調査捕鯨でナガスクジラを合計二九二頭捕獲した。

** IWCの決定にしたがい日本は一九七九年よりIWC非加盟国からの鯨肉の輸入を認めていない。アイスランドが一九九二年六月にIWCを脱退したため、それ以降、日本は唯一のナガスクジラ捕獲国である同国から鯨肉を輸入できなくなった。なお、二〇〇二年にアイスランドがIWCに再加盟したため、二〇〇八年、日本は同国から鯨肉輸入を再開した。

食材がなくなる、写真に撮りたいものがなくなっていくから、「こりゃ、しゃぁないな」思うて、踏み切ったんや。だから、ほとんどがアイスランドのナガスですわ、なかに載ってんの。本の表紙のベーコンかて、アイスランドのナガスです。こんなベーコンなんか、もう、食べられへんもん。これほど美味しいベーコンは、もうないわ。美味しかった～、この時分のベーコンは。

英語の訳をつけたっていうのは、そりゃぁ、外国を意識してるから。当時、わたしも、あっちこっち行ってたからね。いうたらあかんけど、アイスランドにしてもノルウェーにしても、鯨の食文化なんて、まずしいもんで、ね。赤肉しか食べへんのやから。ステーキかシチューやもん。そやから、まぁ、あんな人たちにも、鯨を完全利用してほしいから、料理方法を残しといてやれば、いずれはやるんちゃうかな思うて。ついこの前もノルウェーから一〇〇部、注文が来たんよ。「鯨料理の本は、世界にこれしかない」いうて。

裾ものも使わな

結局、水菜のお鍋をハリハリいうんよ。それで、水菜と一番相性がええのが、この鯨やねん。鴨を使ったハリハリもあるしね。「ハリハリうどん」いうのは、わたしらのオリジナルいうか、な。ここらあたりでも、「ハリハリうどん」っていうてるお店はあるやろうけども、鯨が入ってるとはかぎらへん。むかし、ハリハリ鍋には、おうどんなんか、いれへんやったわ。せいぜい、雑炊とかね。だいたい、家庭料理のハリハリいうんは、甘辛い、濃い出汁《だし》でしてたから。だから、ご飯のおかずですよ。煮詰まったお出汁を、ご飯にかけて食べたりね。だけど、ときどき、「〆《しめ》におうどんないか」っていいはるお客さんが出てきはって。「あ、そうか！　おうどんも、ようあうねんな」思うて、メニューに加えたん。

最初は、尾の身のハリハリが名物やったやんか。で、『鯨料理の本』にあるようなレシピっていうのは、ほとんど、お客さんに教えてもらうん。お客さんも、なかなかの馴染《なじ》みさんになると親切でね。「どこそこ行ったときは、こんな鯨の料理が出たよ」とかね、教えてくれんねん。まぁ、それぐらい通の人が来てたんやろうし。そういう風にして増えたんもある。

商業捕鯨の時代は、市場行ってね、なんでも揃うたから、いるもんを、いるだけ買《こ》うてたわけやな。ところが調査捕鯨なると、割当制なるやんか。ほんなら、「ええとこだけ」、「欲しいとこだけ」っていうわけにもいけへんのよ。まぁ、いうたら、「赤肉の一級をこんだけとってくれたら、裾《すそ》もんも、買うてくださいよ」とか、な。ええとこどりは、もうできんようなってきた。そな、「そういう肉を、どんな料理にまわしたらええか」とかね？で、いろいろな部位も、サエズリなんかでも、むかしは白い、きれいなとこしかとれへんようなってたけども、やっぱ、サエの元みたいな、ちょっと赤肉のひっついたようなもんも、もったいないから、ね。そんなんも、「使わな」いうようなってきて。そんなもんでドテ焼きしたりとか。そんなんで増えた料理もあるし、うん。

サエズリ

いまはサエズリいうたらミンクですけど、お店はじめた頃はナガスやったね。ミンクは柔らかいけど、ナガスは固いんです。だから、ナガスの場合、生のサエズリを、まず油で揚げるんです。コロといっしょですわ。油で揚げて、それを天日干しにするんです。で、そうしたものが、大阪では市場で流通してたんです。「サエコロ」いうてたんですけどね。それを買うて来て、水で戻しといて、あとはおんなじです。糠汁《ぬかじる》で茹でて加工するっていうね。そこまですればナガスも柔らかくなるんよね。油で揚げることによって、ふんわり感も出るし。いまは、そこまでの加工してないからね。生のを茹でてってするから、ナガスみたいな大っきいのは固うなる。

わたしが調査捕鯨に関わったとき、サエズリ、全部ほかしてたんやで。一回目のときのことやけど。「なんで、そんなもったいないことすんの？」訊いたら、「あんなもん、銭ならへん」いうわけや。ボチボチ、もうナガスのサエズリも底つきかけてきて、「こりゃぁ、なんとかせなあかんな」って思うてたときやったから、「三〇〇頭のミンク分、全部ほかす」いうから、「もったいないことするわ。わたし、全部買うてあげてもええし」いうたったん。「絶対、製品にして持って帰っておいで」って。

ただみたいなもんやから、ね。いまの一〇分の一ぐらいの値段やったわ。ほんで、ほかの人もボチボチ使いだして、「これは旨い、これは旨い」なってきて。いまは、もう、取りあいですよ。あんまりこっちまわしてくれへんかったら、ゆすってやんねん。「いまな、あんたとこあんの、だれのおかげや」いうて(笑)。だって、そうやろ？　みな、釜にくべてほって(捨てて)たんやから。

アイスランドのナガス

むかしはアイスランドのナガスも、すばらしかったんや。尾の身なんか、そりゃぁ、よかったよ。もう最後ね、一〇ケースだけ残ったん。もう、もう、ない、ない。アイスランドも捕鯨をやめてもうて。尾の身、一〇ケースだけ残ったん。で、「これ、どこがとるか」いうときにね、「うちがとったるわ」って、一ケース一〇〇万円で買うたもん。一五キロや。それぐらいの値打ちや。いや、もちろん一〇〇万円なんかで買うたら、元値あいません。でも、それぐらいええ鯨やった。

いま、アイスランドからの輸入ないでしょ？　いや、また来ますねん。でも、ね。来てるけど、質が悪い。ええときもあんねん。でも、それでは困るわけや、そんなもんでは。少しずつ買うんやったら、ね、悪いのあたったら、また買いに行きゃええって思うけど。何十ケースもとんのにね、悪いではすまんから。そやから、もっと日本から指導に行ってね。きっちりね、製品にして。内臓やなんか、むこう、みなほかしてんねんで。ノルウエーなんかにも日本人がおって、ええ製品作っとったんやからなぁ。その方が、せっかくの鯨を無駄にせんとすむやんか。

マッコウはコロ

マッコウはね、コロだけやな。いまはゴンドウなんかでやりよるけどね。マッコウのコロは美味しかったで。マッコウでも、大《おお》マッコウやったから。調査捕鯨で捕ってたやつなんか、みな、ちっちゃいから。*せいぜい中《ちゅう》マッコウや、な？　ほんな中マッコウやったら、一〇メーターもあるなしやからね。そんなんでは、コロかて美味しうない。コロは、やっぱ大マッコウって、皮の厚いようなんで、上の方がモチっとしてて、下の方がシャゴシャゴ、シャゴシャゴってする、この感覚や。うん。あのオバケ（尾羽毛）でも、なんにも味せんけど、なんかあのシュゴシュゴしたような、ね？　あんなん、ほかにないもん。そやから、味も大事やけど、食感っていうのも大事なんやな。

＊　二〇〇〇年から継続されている第二期北西太平洋鯨類捕獲調査（ＪＡＲＰＮⅡ）では、二〇一三年までマッコウクジラ一〇頭が調査目標とされたものの、一四年間で実際に捕獲できたのは五六頭であった。

鯨は白手物

鯨ってな、いろんな地方差があんねんで。鮎川は、な。皮は食べるけども、内臓は食べんよなぁ。ほな、太地《たいじ》あたりは、また内臓よう食べるよね。わたし、いっぺんな、あそこのＪＣ（商工会議所青年部）の会議、行ってん。そのとき、鯨の弁当がでんねん。で、みなお昼、いただいて。ほな、ね。小学生の子どもらが来てて、五、六人集まって弁当、食べてんねん。で、わたし、訊いたって。「ぼくたち、このお弁当のなかで、どれが一番、美味しい」っていうたら、みんなが、「これ、これ、これ、これ！」って。ウデモン（茹でもの）！　「え〜⁉」思うたもん。

あそこで捕れるから、内臓、新鮮やねん、な。すぐ茹でて食べたら、美味しいわな。やっぱり、利用の仕方がちがうんや。そで、太地の人ら、「ゴンドウの肉、美味しい」いうでしょ？　「香りがいいんや」ってね。なにが香りや、あんなもん、臭いだけや（笑）。わたし、いつもいうたんねん。「ゴンドウなんか、人間の食べるもんちがうで」。ほな、ものすご怒るわ、太地の人。（ゴンドウの）尾の身かてな、「これ、どうじゃ」いうて持ってきはんねん。こんなもん、美味しないわ（笑）。

千葉の房総は、ツチクジラやろ？　あれも黒い色してんねん。ほいで、な。「まぁ、食べてください」って持ってくんのやけど、そこまで来ただけで、あかん。あの臭い。でも、和田の人、それが「一番美味しい」いうね〜。面白いもんやな。

大阪いうところは、コロとかサエズリは食べるけども、それ以外の白手《しろて》（赤肉以外の皮や内臓）を、たとえば、皮を刺身で食べたり、汁《つゆ》にいれたりするような料理はなかったんよね。ほで、赤肉が一番好まれたよね、大阪は。安いし。そやけど、ま、それ以外、いろいろ食べて思うのに、やっぱ鯨は白手が美味しいな。長崎の日野さんは、そういうてるよね。*たしかに白手が一番、美味しい。

＊　株式会社日野商店の前社長、日野浩二氏（一九三〇年生まれ）。著書に『鯨と生きる――長崎のクジラ商日野浩二の人生』（二〇〇五年）がある。

さっき、太地のウデモンの話したやろ？　たしかに百尋《ひゃくひろ》って美味しいで。ザトウなんか、そりゃぁ、すばらしい。ザトウなんて、いま、保護種やんか。捕られへんやろ？*そやけど、たまに定置にかかんねんな。定置（網）にかかっても、やっぱり内臓は、傷みやすいやん、体温で。だから、ほとんど内臓は入ってきいへんのやけど、たまたま冬場にね、

図30　ザトウクジラの百尋（徳家にて，2015年12月）

青森あたりの寒いところで定置にかかったやつ、入ってくんねん。美味しいで〜。全然ちがうで。質がちがうねん。ザトウいうのは、柄がちがうんよね。イカめしいうか、ね。ぎっしり詰まってるやろ。ナガスやとか、ミンクやとか、ああいうのは、なかがヒラヒラやねん。それは、それで、また美味しいねんけど、ね。とくにナガスの百尋って、こんなおっきいもんな、切り口が。それだけに、どういうの？　肉厚やし、香りがものすごええねん。百尋って、ほんまは香りを楽しむもんらしいわ。香ばしいような、香り。茹でるにも、ね。その、香りを閉じ込めんなんから、両端《はし》を括るもん。括って、茹でるなり、蒸すなりする。

＊　南氷洋のザトウクジラは、一九六三／六四年漁期から捕獲禁止となり、北西太平洋のザトウクジラも一九六六年漁期から捕獲禁止となった。

実は、ね。わたしもそんなにね、ナガスの百尋なんて、何回も食べてないねん。当時、大阪なんてとこ、百尋みたいなもの食べへんねん。たまたま、ね。「なにいうてんねん。こんな美味しいもん、いっぺん、食べてみいや」いうて、ナガスをもらったんや。それで食べてみて驚いて。そんなもん、「ボンレスハムどころやないわ」いうて。ものすご美味しかって、ね。でも、それからナガスなんか入ってきいへんやん。ほんま、あんなん食べさしてあげたらな、やっぱ鯨って美味しいなって。それも安くな。高かったら、なんにもなりへんやん。

鹿の子はすき焼き

いろんな体験できたもん、な。まさか料理屋の女将がやで、こんな世界中、行けるかいな、ほんまに。しかも、たいてい辺鄙なとこ、な。ノルウェーのロフォーテン（諸島）も、デンマークのフェロー（諸島）なんかも行ったよ。ロフォーテンにレイネいう町あってね。「鯨祭りやるから、応援に来てくれ」ってファックス流れてきてね。ＩＷＣがダブリンであった年かいな。一九九五年（平成七）やな。ほんで、その帰りに牡鹿町の町長やらと行ったことがあんの。「鯨の料理、その祭りでしてくれ」いうんで、「なにして欲しいん」いうたらな、「刺身と竜田揚げ作ってくれ」っていうんや。で、刺身の肉、見に行ったらな、もう、真っ黒けやねん。「えぇ〜？　これ、鯨か？」っていうくらい。でも、外、剝いだら、なかはきれい。そやけど、あれ、ダレ肉いうて、熟成しすぎて、刺身にあんまりむきへんのや。あれはステーキにしたら美味しいねんな。

フェロー（諸島）の人なんか、堂々としてるで*。あそこ、ゴンドウの追込み漁やってるやろ？ それこそ、血まみれや。それ、写真に撮って、テレフォンカードにして配ってんねんで、血まみれの（笑）。いま、シーシェパードが行ってるらしいけど、だけど、そんなもん、なんとも思ってへんわ、むこうの人らは。やっぱり、利用できるものは、利用するっていう感じやもん。そのときにゴンドウあがってね。したら、子どもらが来んねん。ほで、子どもら、なにするんかな、思うてたら、ちっちゃいナイフ持ってゴンドウの歯を取るわけや。で、それを売ったら、お小遣いになんねん。それは、してもええねんて。一所懸命、歯、取って。お小遣い稼ぎなるんやて。アクセサリーかなんかにするやろうね。コミュニティやから、ね。みんなで分配してやってるから。うん。堂々としてはるわ。なにが悪いねん。

＊　フェロー諸島は、ノルウェー海と北大西洋のあいだ、アイスランドとノルウェーの中間に位置するデンマークの自治領で、バイキング時代よりイルカ漁がおこなわれてきたとされ、現在では追込み漁により、ゴンドウ類とイルカ類が捕獲されている。

そんときや。みんなでいろんな料理やって、カレーやとか作ってね。そのときね、鹿《か》の子《こ》のええのが、あったんや。ほいで、それをねぇ、薄ぅにスライスしてすき焼き風にしたった。もう、みな、旨い、旨いって。それはゴンドウやなしに、ノルウェーとか、アイスランドから持ってきたミンクやった。鹿の子っちゅうのは、ほんまに美味しいで。いまどきね、グ～っと嚙みしめて美味しい肉って、あんまりないねん。柔らかいだけとか、な？　口んなかいれたらとろけるようやとか。そうなんやけども、ぐ～っと嚙んで、こんな味の肉ってないですやん？　鹿の子って、それや。面白いことに、鹿の子は生って美味しうない。炊かんとあかんねん。

図31　徳家のロゴマーク（矢尾板賢吉画）

徳家のロゴマーク

このロゴ、マッコウに見える？　これも三〇年ぐらい前の話。わたしが東京デビューしたあたりや、な？　当時、いろんなイベントがあったわけ。で、なにかあったら、呼んでくれんのや、わたしを。ほんだら、天狗集団って、漫画家ばかりのグループがあって。横山隆一とかね、はらたいらやらとか、わりと有名な人が一二人、おんねん。ほいで、その人たちが、「鯨一頭食べる会」いうのを、パレスホテルでやったんよ。作家のニコルもおったわ。そのときにわたしも呼んでもうて、ね。で、そのときに、その先生たちが、自分なりの鯨のイラストを描《か》いててん。秋竜山やったら、あのような感じの鯨やし、横山隆一ならフクちゃんみたいな鯨やし、ね。で、ヤオケンっていうね、矢尾板賢吉いう先生が描いたんが、これや。

ちょうどそのとき、うちの一〇周年やったか、一五周年やったか、なんかそんなんで、ね？　当時、テレフォンカードって、ようあったやんか？　で、テレフォンカードをお客さんに記念に配ろう思うて。で、「なんか、ないかな」思うてたら、ちょうど、それ。「あ、これ、ちょうどええわ」思うて。ほで、先生にね、「ちょっとこんなんでするんで、ね。これ、譲ってくれ」いうたら、「あぁ、ええですよ」って、いとも簡単にＯＫしてくれて。

儲けんとあかん

もう、三〇年とか前の話やね。「調査捕鯨やろう」っていうてたときや。東京のアメリカ大使館、陳情に行ったん。あんまり上の人は会《お》うてくれんかった。三等書記官かな？　そんな人が会うてくれて、いろいろ話してるなかのことや。「大西さん、この捕鯨問題っていうのは、ね。ファッションなんです」って、いったんよね。わたしもそう思う。ミニスカートが流行《はや》りだしたら、もう、だれもかれもね、ミニスカートなって、ロングを履いてたりしたら、時代遅れみたいになって、みんなが、そっちむいていくっていうね。で、「反捕鯨も、ファッションやから、いずれまた、その波がなくなったら、大西さん、鯨をね、また世界の人が食べるようなるから」って、気休めでいうてくれた思うけども、ね。でも、長いこと、このファッションつづくと、きついな（笑）。

ほんま、しんどいよ、商売は。将来、こう展開しますっていうことが、わかれへんやろ？　商業捕鯨でもやってくれて、ぐっと安うなんのやったら、もっとやり方も変えられるけども、な。やっぱり、ここらでも老舗《しにせ》の店なんて、ほんま何軒も残ってへんぐらい厳しい時代やねん。ほんと、みな、なんか値段で勝負しているようなところあるやんか。鯨以外の、ほかのもんでも。ほんなら、原価、考えたら、わたしらとても太刀打ちできへんもん。そやから、まぁ、将来の展望としたら、ほんまに、なんか危機感いっぱいやな。

国の力っていうもんが、ものすご影響していると思うねん。国に力があるときは、国際会議でも発言もできたし、いろんなアイディアも実行できてたやろ？　味方の国も、ようけ呼んでこれたやん。いま、ないでしょ？　で、国の力がないと、あなどられて、ますます、反捕鯨が増えていって。

そんな食文化とか、そんなもんに頼ってたら、商売できへん。わたし、「早いこと、商業捕鯨再開させて、もっと安くしい」いうねん。いま、高いの、当たり前のように思うてるけどね。これ商業捕鯨やったら、こんな高うなるわけないねん。調査するから、高うつくわけや。そやから、このまま調査やってたら、ね。もう食文化なんか潰れますよ。だ〜れも、鯨、食べへんようなるわ。こんないうたらいかんかもしれんけど、南氷洋の調査もね、たしかに行ってほしい。行ってほしいけどね、政府にも、外国の反捕鯨やら、そういう風当たりの強い思いまでして、「南氷洋、行かんでもいい」って思ってる人の方が多い気がするもん。もし、そんな姿勢でおるんやったら、いっそ南氷洋諦めて、沿岸でやったらどうなんやろか?

そやけど、ね。やっぱり、わたしたちのような歳のものは、ね。ものすごつらい経験してる、捕鯨に関しては。その反面、みんな、「絶対、捕鯨禁止は許せん」っていう気持ちで、いっぱいやったもん。サムライがようけおってん。自分の細かなチマチマしたことなんか、どうでもええ。「鯨のことなら、なんでもやる」って。政府にも、業界にも、ええ人、いっぱいおったよ。さっきいうた天狗集団の人らも、そうやで。やっぱ、漫画家さんたちやから、考えることが面白い。人も、ようけ来てたねぇ。豪快やったで〜。

むかしは、よう、いろいろなとこで、なんやかんや、あったけど、な。いまは、ほんまにないもんな。お金がないのもあるけど、どうせやるんなら、インパクトあるのがええわな。みんなで鯨一頭食べる会、またやりたいな。

身をまもるためだけやったら、あかんねん。もっと、みんなで儲けなあかん。それが、一番やで。

鯨で解く

鯨革命と捕鯨の多様性

スーパーホエールを越えて

日本鯨類研究所によると、日本近海に生息する鯨類は八科四〇種で、地球上の鯨類およそ八五種の半数近くに相当する。能登半島の真脇《まわき》遺跡（石川県）から大量に出土した鯨骨がしめすように、日本列島の住民は、遅くとも六〇〇〇年以前から鯨類を利用してきた。列島各地で有史以前から多様な鯨類が利用され、さまざまな捕鯨文化が形成されてきた背景には、鯨類との遭遇機会が豊富であったという事実が存在している。

そうした人びとが培ってきた鯨類に関する知識のみならず、鯨体の解剖技術から鯨肉の加工・調理技術、そうした製品がさまざまに消費されてきた鯨肉利用の全体を「鯨食文化」として位置づけようとする本書において、まずは、こうしたゆたかな鯨類資源に囲まれた日本列島の生態学的要因を確認しておきたい。

いま、わたしは鯨類と書いた。「クジラの類《たぐ》い」ということだ。では、鯨類とクジラとでは、どのような差異があるのだろうか？　まずは本書におけることばについて説明しておこう。

生物名は通常、カタカナで表記される。したがって、人間はヒトと表記される。今日、地球上に存在するヒトは、ホモ・サピエンス（*Homo sapiens*）だけである。だが、広義のヒトには、かつて地球上に存在していたネアンデルタール人（*Homo neanderthalensis*）や、北京原人やジャワ原人などのホモ・エレクトゥス（*Homo erectus*）といった化石種もふくまれる。それらも「ヒトの類い」＝「人類」というわけだ。ただし、ヒトの場合、ヒトと呼んでも人類と呼んでも、わたしたちと過去の「ヒト」とをまちがうことはない。

しかし、クジラの場合は、そうはいかない。現存するクジラとしては、ヒゲクジラ亜目四科一四種、ハクジラ亜目一〇科七一種がしられている（今後、新種が発見される可能性もある）。そのなかにはイルカ類もふくまれる。というのは、体長四メートル以下の小型のクジラを日本語ではイルカと呼ぶからだ。この分け方は英語でもほとんどおなじで、体長三、四メートル以下の鯨類をドルフィン（dolphin）またはポーパス（porpoise）という。両者のちがいはくちばし（吻《ふん》）の有無である。ドルフィンには吻があり、ポーパスには吻がないというわけだ。

鯨類八五種には体長二メートル未満のスナメリ（ネズミイルカ科）から体長が三三メートルにも達する世界最大の動物シロナガスクジラ（ナガスクジラ科）までがふくまれる。海水性のものがほとんどであるが、なかには淡水性のものもいる。本書でクジラではなく、あえて鯨類という表記をもちいるのは、このような多様性を意識してのことである。同時につぎのような批判に留意するからでもある。

ノルウェー人文化人類学者のアルネ・カッラン（Arne Kalland）は、一九九〇年代初頭、スーパーマンをもじってスーパーホエール（Super Whale）という概念を提唱し、抽象的なクジラ像にもとづいた鯨類の保護運動を批判した。スーパーマンが超人であり、想像上の存在であるように、スーパーホエールも実在しない神話的存在である。

かれの説明はこうだ。環境保護運動家と動物愛護活動家は、クジラを単数で語りたがる。「クジラは世界最大の動物であり、大きな脳を持ち、群れ（社会）のなかで生活し、人なつっこくもある。歌も歌えば、子どもたちの世話もする。そんなクジラが人間によって脅かされている」と。しかし、そのようなマルチなクジラなど、存在しない。それは架空の創造物であり、神話化された「スーパーホエール」なのである。

おわかりだろうか？　世界最大の動物はシロナガスクジラだし、大きな脳を持つのはマッコウクジラだし（体重との割合で比較すると、もっとも大きな脳を持つのは水族館でおなじみのハンドウイルカとなる）、人なつっこいのはコククジラだし、歌を歌うとされるのはザトウクジラだ。絶滅の危機にさらされているのは、セミクジラであろう。たしかにそれぞれのクジラは、それぞれに固有な特徴を有している。しかし、これらの特徴をすべてそなえた単一の鯨種は存在しない。カッランは、生物学的に多様な鯨類の実態を蔑《ないがし》ろにした空想上の創造物が環境保護運動のシンボルと化している現状を憂い、警告を発したのである。

　さまざまな批判はあれども、国際捕鯨委員会は、一九六〇年代から今日まで厖大な予算と時間を費やして、鯨類の管理をおこなうべく努力してきた。当然ながら管理は、種を単位になされてきたわけである。正確を期すならば、その単位は、種よりも小さな系群／ストック（stock）と呼ばれる同一種の地域個体群である（ひとつの系群は、遺伝子の特徴、大きさなどの形態、繁殖場と繁殖の時期などを共有することで形成される）。鯨類を「利用する、しない」といった立場の相違は認めるにしても、まずは、スーパーホエール的抽象論を抜けだし、可能なかぎり、具体的事実をもとに個別に思考していきたい。

　そうでなければ、ベテラン砲手の和泉節夫《いずみせつお》さんが「ツチクジラを捕るのが一番むずかしい」と回顧し、解剖の名手、奥海良悦《おくみりょうえつ》さんが「ミンククジラは小さいのに骨が硬い」と

図32　シロナガスクジラ（下）とミンククジラ（上）の比較．実物大のシロナガスクジラとミンククジラの絵で，シロナガスクジラの体長は30メートル，体重150トンと世界最大の動物である．講義を聴いた小学３年生の体重が30キログラムだとすると，シロナガスクジラの重量は，児童5000人分に相当する（日本鯨類研究所主催「クジラについて学ぼう　クジラ博士の出張授業」，下関市，2008年10月）

愉快がり、鯨肉売って五〇年の岡崎敏明《おかざきとしあき》さんが「マッコウといえば、塩鯨」と太鼓判を押し、鯨肉専門料理店女将《おかみ》の大西睦子《おおにしむつこ》さんがナガスクジラのベーコンを愛でるように、それぞれの鯨人《くじらびと》が語る、それぞれの鯨種への切情など理解できないはずだ。感情的にすぎるかもしれないが、スーパーホエール的な単純な鯨観は、捕鯨産業に従事している人びとが、それぞれの人生のなかで蓄積してきた鯨類についての知識を軽視するものであるばかりか、多様性に富む鯨類の存在、ひいては自然界／生物多様性そのものへの冒瀆につながらないだろうか？

このような立場から、以下では、鯨種の多様性を尊重するために鯨類と表記することを基本としながらも、文脈から判断できるときには一般的な表記にしたがってクジラや鯨も使用することにする（生き物として表記する際にはクジラ、商品として表記する際には鯨を基本とする）。なお、聞き書きのなかで鯨人たちがナガスクジラをナガス、マッコウクジラをマッコウなどと呼ぶ場合には、そのように表記した。

鯨革命と捕鯨方法

鯨類資源にめぐまれた日本列島では、一六世紀後半、鯨類を積極的に追いもとめる組織的な捕鯨方法が考案され、捕鯨専門集団である鯨組《くじらぐみ》が組織されるにいたった。恒常的に鯨類の捕獲が可能となり、かつ、列島内の流通システムが発展したことをうけ、鯨類の商品価値が高まったことを、捕鯨史家の森田勝昭は「鯨革命」と表現している。

こうした鯨組としては、室戸（現在の高知県）の浮津組《うきつぐみ》、熊野（同和歌山県）の太地組《たいじぐみ》、平戸《ひらど》（同長崎県）の益冨組《ますとみぐみ》が有名である。それら以外でも、五島や壱岐、対馬（いずれも現在の長崎県）、日本海側の各地（京都府の伊根や石川県の小木など）にも鯨組は存在した。ただし、技術と資本を必要とする捕鯨は、こうした特定の地域でしかおこなわれず、日本列島全体でおこなわれたものではなかったし、いくら流通が発達したとはいえ、鯨肉の消費は西日本が中心であり、列島全体を覆うものではなかったことに留意したい。

捕鯨の基本は、①突くか、②網にからめるか、③銃や大砲などの火器で仕留めるかの三つに分類できる。江戸時代に列島最大の経営規模をほこった益冨組が存立した平戸市生月《いきつき》島の博物館「島の館」学芸員で捕鯨史研究家の中園成生は、著書『くじら取りの系譜』（二〇〇六年）のなかで、日本列島における捕鯨方法を四つに分類している。以下、中園にならい、それぞれの捕鯨法を略述しよう。

【突取捕鯨《つきとり》】手投げの刺突道具をもちいてダメージを与える方法で、銛《もり》突きと剣《けん》突き、またはその両方をおこなう。銛突きは、返しのついた銛でクジラを突き、銛から延びた綱で船などの抵抗物とつなぎ、それをクジラに曳かせることでクジラを弱らせる。現在、インドネシア東部のレンバタ島でおこなわれているマッコウクジラ漁が、これに相当する。

剣突きは、先の尖った刺突具でクジラを突き、深手をおわせて仕留める方法である。

突取捕鯨は、戦国時代以降、専業化した鯨組によって洗練されることになる。森田のいう鯨革命である。一七世紀後半には、網をもちいてクジラを拘束したうえで突取りをおこなう方法が考案され、捕獲率が飛躍的に向上した。太地で開発されたこの方法は、網取法《あみとり》とも呼ばれることがある。しかし、中園は、網取法との名称は網掛けが捕鯨の中心であるかのような印象をあたえかねず、その中心はあくまでも突取りである以上、突取捕鯨の一種（網掛突取捕鯨法）と考えるべきだと慎重である。

日本列島では、平戸にしろ、太地にしろ、近海で操業し、沿岸部に設けられた基地で鯨体を解剖した。それに対し、米国などは遠洋捕鯨を組織した関係上、船縁《ふなべり》（右舷）で解体し、船上で搾油する母船式捕鯨をおこなった（米国の捕鯨船は、鯨肉に商品価値を見出さなかったため、三〜四年におよぶ長期の航海が可能となった）。こうした解剖・加工法のちがいはあるものの、一九世紀の太平洋における米国式捕鯨を描いたメルヴィルの『白鯨』（一八五一年）には、入れ墨をしたポリネシア人のクィークェグ（Queequeg）ほかの銛打ちが登場するように、捕鯨法そのものは突取りである。

【網取捕鯨】　網をもちいて鯨類を捕獲する方法で、断切《たちきり》網法と定置網法の二つがある。断切網は湾内に獲物を追い込み、網で進路を断ち切って捕獲する方法で、中世以来、おもにイルカ類の捕獲にもちいられてきた。現在の太地町でおこなわれているイルカ類とゴンドウ類の追込網漁は、この断切法である。

定置網捕鯨法は、漁場に固定された定置網で鯨類を捕獲する漁法である。大規模な定置網が発達した江戸時代以降、主要な漁獲対象であるマグロやブリ以外に、定置網に入りこんだクジラを捕ることがしばしばであった。船で鯨類を追いかける方法にくらべると消極的ではあるものの、西海や能登では鯨類専用の定置網も発達した。

二〇〇一年七月、「指定漁業の許可及び取締り等に関する省令」が一部改正され、定置網で混獲されたヒゲクジラ類も、ＤＮＡ登録と報告の義務を条件に販売が認められるようになった。たしか二〇一一年だったと記憶しているが、わたしは一月に能登を訪問した際、近くの定置網に入ったミンククジラを回転寿司屋で食べる機会を得た。新鮮な生肉であり、色もあざやかで、もちっとした食感が舌に心地よかったことを覚えている。能登の人びとによれば、冬期にミンククジラの混獲がよくなされるという。水産庁の混獲頭数の集計結果によれば、二〇一一年の一年間に一二六頭が混獲されている。それらの多くは、一二月から六月までに集中している。なかでも頭数がもっとも多かったのは長崎県で二〇頭、ついで石川県が一六頭、富山県が一五頭であった。いずれも江戸時代に鯨類用の定置網が発達した地域である。

【銃殺捕鯨】船に固定されていない手持ちの火器（銃）をもちいて炸裂弾や銛を発射して鯨類を捕獲する方法である。また、一九世紀中葉に米国で内部に爆薬を装塡したボンブランス（Bomb Lance）と呼ばれる銃をもちい、炸裂弾で鯨類を殺傷する捕鯨法（ボンブランス捕鯨法）が開発された。日本でボンブランス捕鯨がはじまったのは一八七三年（明治六）のことである。

【砲殺捕鯨】舳先《へさき》に設けた台座に捕鯨砲を固定し、綱つきの捕鯨銛を発射してクジラを捕獲する捕鯨法である。一八六〇年代にノルウェー人スヴェン・フォイン（Svend Foyn）が開発し、ノルウェー式捕鯨や近代捕鯨と呼ばれている。エンジンつきの捕鯨船で目標たる鯨類を追尾し、銛を鯨体に撃ちこむと、抜けないように銛先についた爪がひらく。すると、銛とつながれた綱で捕鯨船とクジラは連結される。泳ぎがはやく、死ぬと沈むために捕獲できなかったシロナガスクジラやナガスクジラなどの大型鯨類も捕獲できるようになった革新的な捕鯨法である。

ノルウェー式捕鯨を日本で最初に導入したのは長崎県の五島で、一八九七年のことであったが、事業としては失敗であった。導入初期に好成績を残した数少ない捕鯨会社のひとつが、岡十郎の日本遠洋漁業株式会社（のちの日本水産）であり、一八九九年のことであった。日露戦争の勃発後、海軍が拿捕したロシアの捕鯨船二隻の払いさげをうけた岡は、

図33　生地トンズバーグに立つフォイン像
（ノルウェー，2013年6月）

社名を東洋漁業に変更し、朝鮮近海から日本海、太平洋と沿岸捕鯨に乗りだした。一九〇六年には宮城県の牡鹿半島南端の鮎川に鯨体処理場を建設し、ノルウェー式捕鯨による沿岸捕鯨を拡大していったのが、今日の鮎川の礎となった。これが、日本における近代捕鯨の本格的幕開けといってよい（東洋漁業は一九〇九年に東洋捕鯨に社名変更）。

捕鯨の多様性

捕鯨は、一九四六年に締結された国際捕鯨取締条約（ＩＣＲＷ：International Convention for the Regulation of Whaling）の執行機関である国際捕鯨委員会（ＩＷＣ：International Whaling Commission）によって管理されている。一九八二年に英国で開催された国際捕鯨委員会第三四回総会において「商業捕鯨の一時停止」が決定され、今日にいたっている。しかし、巷には鯨肉が流通しているように、捕鯨のすべてが禁止されているわけではない。現在、おこなわれている捕鯨は、以下の五タイプに分類できる。

【先住民生存捕鯨】　ＩＷＣは、捕鯨を商業捕鯨（commercial whaling）と先住民生存捕鯨（aboriginal subsistence whaling）に区別している。商業捕鯨の説明は不要であろう。先住民生存捕鯨とは「先住民による地域消費を目的とした捕鯨であり、伝統的な捕鯨や鯨利用への依存がみられ、地域、家庭、社会、文化的に強いつながりをもつ」もので、ＩＷＣはグリーンランド（デンマーク）、シベリア（ロシア）、ベキア（セントビンセント及びグレナディーン諸島）、アラスカ（米国）の捕鯨を先住民生存捕鯨と認めている（対象鯨種と捕獲枠はＩＷＣの総会において六年に一回改訂される）。

【異議申し立て】　ＩＣＲＷは、ＩＷＣの決定に承服できない場合、決定から九〇日以内に異議（objection）を表明すれば、決定に拘束されないことを定めている（第五条三項）。

今日、ノルウェーがミンククジラを、アイスランドがミンククジラとナガスクジラを商業的に捕獲しているのは、この異議申し立てを根拠としている（アイスランドの場合は、二〇〇二年の再加盟時に留保）。商業捕鯨の一時停止について日本も一度は異議申し立てをしたものの、中曽根政権下の一九八四年末に撤回し、一九八七年度末をもってＩＷＣ管轄下にある鯨種の商業捕鯨を停止した。

【調査捕鯨】　商業捕鯨が一時停止となった一九八七年以降、日本政府は商業捕鯨の再開を目的として、ＩＣＲＷ第八条に規定された調査捕鯨を実施してきた。調査捕鯨は、正式には「特別許可にもとづく鯨類捕獲調査」（special permit whaling）といい、南極海と北西太平洋を舞台として、それぞれＪＡＲＰＡ（ジャルパ：Japanese Whale Research Program under Special Permit in the Antarctic Ocean）が一九八七年から、ＪＡＲＰＮ（ジャルパン：Japanese Whale Research Program under Special Permit in the Northwest Pacific Ocean）が一九九四年から実施されてきた。

二〇一四年三月の国際司法裁判所（ＩＣＪ：International Court of Justice）の判決をうけ、二〇〇五年から開始されたＪＡＲＰＡⅡは二〇一三／一四シーズンの調査をもって終了した。翌一四／一五シーズンの調査は目視調査だけを実施したが、二〇一五年よりミンククジラ三三三頭を対象としたＮＥＷＲＥＰ－Ａ（New Scientific Whale Research Program in the

Antarctic Ocean：新南極海鯨類科学調査）というあらたな捕獲調査が一二年間の計画で実施されている。

【IWC管轄外の鯨種】　IWCの管理下にあるのは、かつての捕獲対象であった大型鯨類一三種のみであり（現在は一四種に細分化されている）、そのほかの七〇種近い鯨類はIWC管轄外となっている。つまり、それらの鯨種は各国政府の管理のもと、利用することができるのである。デンマーク自治領フェロー諸島のゴンドウ類の追込漁や、日本のツチクジラ漁やゴンドウ漁・イルカ漁などがこの範疇に分類される。

【IWC非加盟国による捕鯨】　ICRWは多国間条約とはいえ、この条約を批准しなければ、IWCの約束事に拘束されることはない（二〇一六年一二月末現在、IWCの加盟国は八八ヵ国）。IWC非加盟国の捕鯨としては、カナダのホッキョククジラ漁、インドネシアのマッコウクジラ漁が有名である（これらの鯨種は、いずれもIWC管轄下にある）。カナダは一九四九年に開催された第一回総会からのIWC加盟国であったものの、一九八二年の商業捕鯨の一時停止を不服として脱退するにいたっている。インドネシアはこれまで一度もIWCに加盟していない。

以上、決してマジョリティではないものの、捕鯨は日本だけがおこなう「奇異」で「時代遅れ」の「蛮行」ではないことがわかる。とはいえ、現在の日本だけに特徴的な捕鯨も存在する。それは、南極海と北西太平洋における調査で採用している母船操業である。基地ではなく、公海上にうかべた工船で鯨体を解剖・加工するもので、一九二四／二五年漁期にノルウェーが完成させた方式である。同時に南氷洋で世界最大の動物シロナガスクジラを絶滅の危機に追い込んだ悪しき捕鯨の象徴的存在でもある。

母船式捕鯨が操業してきた公海は、「どの国家のものでもない」オープン・アクセス海域であり、国連海洋法条約（一九八二年採択、一九九四年発効）でも「公海利用の自由」は認められている。しかし、今日、公海をグローバル・コモンズ（人類共有の財産）と考える人も少なくなく、そのような立場からすれば、「公海を泳ぐクジラも、みんなのもの」ということになる。ＩＣＪの争点となった「科学的研究のため」であるか否かを問う以前に、「公海における母船操業」そのものが、グローバル・コモンズ派の主張と相容れないのである。

日本における捕鯨

現在、日本では、捕鯨砲をもちいる調査捕鯨と沿岸小型捕鯨のほか、捕鯨砲をもちいない追込網漁（断切法）と突き棒漁（突取法）の四タイプの捕鯨がおこなわれている。

沿岸小型捕鯨とは、総トン数四八トン未満の船舶をもちい、船首に備えた口径五〇ミリの捕鯨砲で捕獲するもので、現在、網走（北海道）、函館（北海道）、鮎川（宮城県）、和田浦（千葉県）、太地（和歌山県）の五地域でおこなわれている（二〇一六年現在、共同経営をふくむ五隻が従事している）。二〇一四年現在、年間の捕獲許可数はツチクジラ六六頭、マゴンドウ七二頭、オキゴンドウ二〇頭となっている（二〇〇七年までは、オキゴンドウにかわり、ハナゴンドウ二〇頭の捕獲が認められていた）。操業にあたっては農林水産大臣の許可を必要とし、漁期、操業日数ともに日本政府の管理下に置かれている。

追込網漁と突き棒漁は、知事許可漁業で、イシイルカやハンドウイルカ、オキゴンドウなど八種を対象とし、岩手県、宮城県、和歌山県、沖縄県でおこなわれている。『平成二七年度国際漁業資源の現況』によると、二〇一四年度は、追込網漁（一九七一頭）と突き棒漁（一万二四五六頭）あわせて一万四四二七頭の捕獲枠があったものの、実際の捕獲数は追込網漁九九〇頭、突き棒漁一八七三頭の合計二八六三頭であった（捕獲枠と実際の捕獲数のズレのひとつは、東日本大震災で被災した岩手県のイシイルカ漁業者が復帰できていないことにもとめられる）。

すでに終了したプログラムではあるが、南氷洋における調査捕鯨ＪＡＲＰＡについてふれておこう。ＪＡＲＰＡはミンククジラを対象とした第一期が二〇〇四年まで実施され、標本予定数は一九八七年から一九九四年まで三〇〇頭±一〇％、一九九五年から二〇〇四年まで四〇〇頭±一〇％であった（南極海のミンククジラは、現在では日本沿岸の

Balaenoptera acutorostrata、英名 common minke whale とは別種とされ、クロミンククジラ *B. bonaerensis*、英名 Antarctic minke whale と称されているが、本書では便宜上ミンククジラで統一する)。二〇〇五年からあらたにＪＡＲＰＡⅡが開始され、ミンククジラ八五〇頭±一〇%を捕獲頭数の上限とするとともに、ナガスクジラ五〇頭とザトウクジラ五〇頭も捕獲調査対象となった(ただし、最初の二年間は予備調査としてナガスクジラ一〇頭とザトウクジラはゼロ頭を目標とした)。

このＪＡＲＰＡⅡに関し、二〇一〇年五月にオーストラリアがＩＣＪに日本を提訴し、その判決が二〇一四年三月末にくだされた。結果は、新聞各紙がいっせいに「敗訴」と報道したように、二〇一四／一五シーズン以降も予定されていたＪＡＲＰＡⅡは二〇一三／一四シーズンに実施した第二七次調査をもって停止された。判決文は、法律用語に満ち、文体も独特で理解しづらいので、国際法の権威である坂元茂樹同志社大学教授の論文「日本からみた南極捕鯨事件判決の射程」(二〇一四年)から、判決の要点をまとめてみよう。

オーストラリアの主張は、①ＩＣＲＷ第八条が定めた「科学的研究のため」の調査捕鯨の要件をＪＡＲＰＡⅡが満たしておらず、②商業捕鯨の禁止(ＩＣＲＷ附則一〇項ｅ)と、南大洋(南極海)の捕鯨保護区(サンクチュアリー)におけるミンククジラ以外のすべての商業捕鯨の禁止(附則七項ｂ)に、それぞれ日本が違反していることの二点であった。南大洋サンクチュアリーとは、一九九四年に可決されたもので南緯四〇度以南の南極海を鯨類の保護区（サンクチュアリー）とするというものである。この決定に関し日本は、ミンククジラについて異議申し立てをしているため、訴訟では「ミンククジラ以外の」と注がついたわけである。オーストラリアによれば、JARPAⅡは、ナガスクジラとザトウクジラも捕獲対象とし、実際に一八頭のナガスクジラを捕獲したため、そのことが条約違反だとするのであった。つまり、JARPAⅡがICRW第八条にいう「科学的研究のため」（for the purpose of scientific research）のものなのかどうかの判断によって、付随的に②の違反も問われることになったのである。

判決は、「仮に捕鯨計画が科学的研究をともなうものであっても、当該活動が科学的研究『の目的のため』でないかぎり、第八条の範疇に入らない」（第七一項）としたうえで、「JARPAⅡが広義には科学的研究と認められるものの、その内容と実施面は研究目的との関係において合理的なものだと認めるだけの証拠が十分に示されていない」として、JARPAⅡを「条約第八条一項の『科学的目的のため』ではない」（第二二七項）と結論づけた。

こうしてJARPAⅡは停止されるにいたったものの、重要なことは、この判決が調査捕鯨自体を否定しているわけではないことである。その証拠にオーストラリアが日本に今後の特別許可書の発給を控えるようもとめたことを却下し、「日本は条約第八条一項の下でのいかなる将来的な許可書を与える可能性を検討する際には、本判決にふくまれる理由づけおよび結論を考慮することが期待される」（第二四六項）と判決文を結んでいるからである（傍点筆者）。

これ以外でも判決が日本の主張を認めていることにも注意が必要である。調査捕鯨に関する主張のうち主要なものとしては、①調査資金をまかなうために鯨肉を販売することが、即条約違反とは認められない（第九四項）、②いくつかのデータに関しては非致死的手法が実行不可能であり、致死的手法の使用は合理的であること（第一三五項）の二つを指摘しておこう。それは、これまで調査捕鯨の批判点として、「副産物と称して鯨肉を売るのは、疑似商業捕鯨そのものだ」、「調査は非致死的調査で十分であり、致死的調査は必要ない」（殺す必要はない）といった主張がなされてきたからである。

二〇一五／一六シーズンから開始されたＮＥＷＲＥＰ－Ａは、①非致死的手法の実施（第一三七項）、②目標サンプル数の合理的な設定（第一九八項、二一二項）、③著名な科学雑誌への研究成果の発表（第二一九項）、④ほかの研究機関との連携強化（第二二二項）、⑤一二年間という期限を区切っての実施（第二二六項）など、ＩＣＪ判決の指摘をふまえた内容となっている。

なお、北西太平洋における鯨類資源の系群構造を解明するため一九九四年にはじまったＪＡＲＰＮは、一九九九年までを第一期とし、二〇〇〇年から第二期（ＪＡＲＰＮⅡ）が実施されてきた。ミンククジラのみを対象としたＪＡＲＰＮの捕獲上限頭数は一〇〇頭であった。他方ＪＡＲＰＮⅡでは、ミンククジラ一〇〇頭に加え、ニタリクジラ五〇頭、マッコウクジラ一〇頭が捕獲調査対象とされた。さらに二〇〇二年度以降は、イワシクジラ五〇頭（二〇〇五年より一〇〇頭）も捕獲調査対象に付加された。またＪＡＲＰＮⅡの本調査では、沿岸小型捕鯨者が協力しておこなう沿岸捕獲調査も、実施されてきた。二〇〇五年からは釧路と鮎川の二ヵ所で年二回おこなわれるようになり、これら沿岸調査におけるミンククジラの計画捕獲頭数は一二〇頭となった。オーストラリアによるＩＣＪへの提訴は、ＪＡＲＰＡⅡに限定されたものであったものの、日本政府は判決の趣旨を考慮し、二〇一四年以降は、自主的にＪＡＲＰＮⅡの目的を絞り込んだ計画見直しをおこなうとともに、あらたな調査計画の策定・実施を表明した。

日本政府は二〇一六年一一月、北西太平洋海域におけるあらたな鯨類捕獲調査、新北西太平洋鯨類科学調査計画（ＮＥＷＲＥＰ－ＮＰ：New Scientific Whale Research Program in the western North Pacific）を公表した。二〇一七年度から一二年間の計画で実施し、最初の六年間の捕獲目標を「年間ミンククジラ一七四頭（うち沿岸一四七頭、沖合二七頭）とイワシ

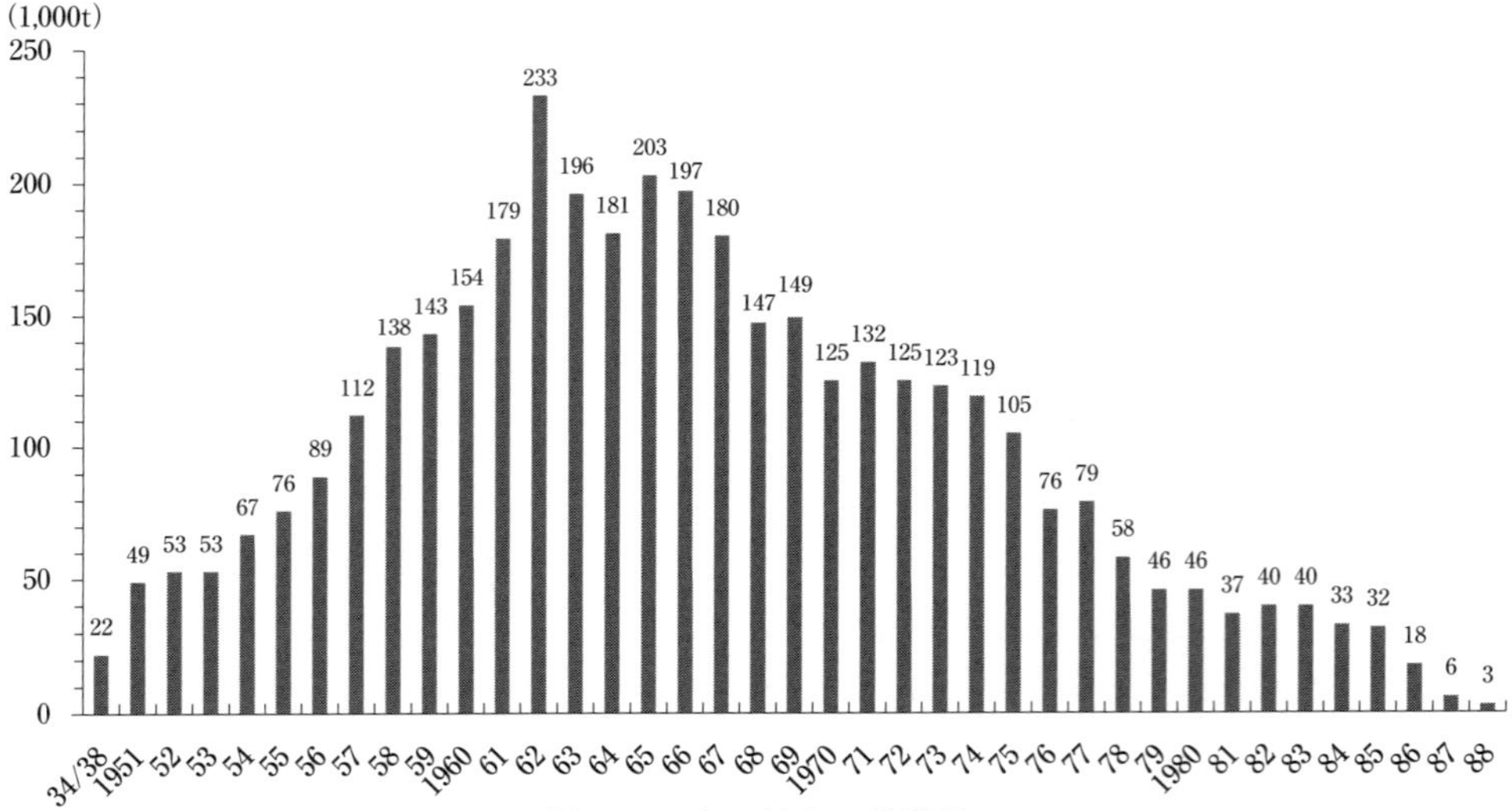

図34　日本の鯨肉の供給量

（出典）『食料需給表』をもとに筆者作成.

（注）34／38は1934年から1938年までの5年間の平均値.

クジラ一四〇頭（沖合のみ）」としている。NEWREP―NPでは、あらたに網走沿岸も調査海域とされ、年間ミンククジラ四七頭の捕獲を予定している。

今後の成り行き次第ではあるものの、調査によって供給される鯨肉はおよそ三〇〇〇トンであり、沿岸小型捕鯨によるもの一〇〇〇トン強、追込網漁・突き棒漁によるもの一〇〇〇トンを合計し、一般的に日本の鯨肉供給量は四〇〇〇トンと見積もられている。これを国民一億二〇〇〇万で割ると、ひとりあたりの年間消費量は三三グラムとなる。これは、Sサイズの卵の重さ（殻付き）にも満たない数字である。あるいは、ハンバーガーのパテ一枚分に相当する重量でもある。

南氷洋における商業捕鯨のピーク、一九六二年には二三万三〇〇〇トンの鯨肉が供給され、わたしたちは、ひとりあたり二・四キロの鯨肉を年間に消費していた。それらの数字と今日のそれを比較すると、供給量は一・七%、ひとりあたりの年間消費量は一・四%にまで激減している。

銃後の鯨肉――伝統食か、代用食か？

鯨革命を経て、鯨組が躍動するようになる一七世紀、それまでの断片的な記述ではなく、鯨や捕鯨そのものがさまざまな文書や記録の記述対象となった。このことは公家社会という限定的空間で流布した秘伝書ではなく、日本で最初に公刊された料理書である『料理物語』（作者不詳、一六四三年）に明示的である。

本草学と『鯨肉調味方』

『料理物語』は、材料別に料理法を解説した前半と、出汁《だし》や煎酒《いりざけ》（鰹節のエキスを酒で抽出し、煮詰めたもの）など調味料の製法や献立順に料理手順を紹介する後半の、二部で構成されている。材料は、①海水魚、②磯草、③淡水魚、④鳥、⑤獣、⑥キノコ類、⑦野菜の順に記載されており、クジラは海水魚の部の、マダイ、スズキ、マナガツオ、ハモ、タラ、タコ、イカにつづき八番目に登場する。汁もの、刺身、吸いもの、和《あ》えもの、内臓料理各種が紹介され、頭骨部の軟骨である蕪骨《かぶらぼね》は「水和え」がよいとされている（水和えとは、スルメや干鱈などの干物を水につけてもどし、野菜類をとりあわせ、煎酒で和えたものである）。

こうした料理知識の蓄積は、単に贅をきわめたグルメ志向による「おいしさ」の探求心のみにささえられていたわけではなかった。この時期の日本では、中国の明代（一三六八―一六四四）に発達を遂げた本草学の影響をうけ、さまざまな食材の性格が、体系性をもって科学的に認識されるような知的環境が誕生していたからである。しかし、その一方で、中国本草からの脱皮が模索されていた。その先駆的著作として一六九五年に医家、人見必大が上梓した『本朝食鑑』一二巻をあげることができる。これは中国本草の翻訳ではなく、日本産食材に対して科学的な考察を加えた労作であり、本書の登場によって日本の本草学が独自の道を歩みはじめたといってよい。

和本草の胎動は、鯨食の歴史にとっても、きわめて重大な意味を持っている。というのも、中国本草には存在しなかった鯨類の分類が登場しているからである。人見は鯨類をセミクジラ（背美鯨）、ザトウクジラ（座頭鯨）、コククジラ（小鯨）、ナガスクジラ（長須鯨）、イワシクジラ（鰯鯨）、マッコウクジラ（真甲鯨）の六種に分類したが、これ以降に日本であらわされた鯨類に関する書籍は、いずれも同分類を踏襲したほどに科学的なものであった。

一七世紀といえば、スピッツベルゲン島を基地とした北極圏海域でオランダやイギリスによる突取捕鯨が隆盛をきわめた時代である。かれらが主目的としたのは、動きがにぶく、死んでも沈まないホッキョククジラ（セミクジラ科）であった。それに対して泳ぎのはやいナガスクジラ科の大型鯨類であるナガスクジラやイワシクジラを捕獲していたのは、世界でも日本の鯨組《くじらぐみ》のみであった（欧米諸国がナガスクジラ科の鯨類を捕獲するようになったのは、一九世紀中葉にノルウェー式捕鯨が登場して以降のことである）。人見の分類をつらぬく科学的見知のたしかさは、実物を観察したことに由来するものと察せられ、当時としては世界最高峰にあった。

『本朝食鑑』には、肉や脂、内臓、骨、尾はもちろんのこと、陰茎や歯にいたるまで、鯨体の利用法が具体的に述べられており、当時すでにクジラが、ほとんどあますところなく利用されていたことがうかがわれる。こうした鯨類に関する知識はその後も蓄積され、のちの『鯨肉調味方《げいにくちょうみかた》』（一八三二年）に収斂することになる。

日本捕鯨史や鯨食文化を論じる際に必ず紹介される『鯨肉調味方』は、単独の書物ではない。現在の山口県北西部から長崎県沖にかけての、いわゆる「西海捕鯨」の中心でもあ

図35　水揚げされた鯨を解剖する（『勇魚取絵詞』より）

図36　鯨の捕獲を祝う（同上より）

った平戸《ひらど》の生月島《いきつき》を拠点とした益冨組《ますとみぐみ》がおこなう捕鯨について、捕鯨船や捕鯨法、加工法、クジラの部位名称などの図と解説文とを交互に配列して解説した『勇魚取絵詞《いさなとりえことば》』の附録として上梓されたものである。

『鯨肉調味方』は、鯨体を七〇部位に分類し、それぞれの調理法を紹介した、いわば「鯨食百科」である。それぞれの部位につき、調理に適した厚みとサイズに加え、「生」か「塩漬け」のいずれが適したものかが記されている。そのうえで、それぞれに適した調理法として、生食、焼きもの（すき焼き）、鍋もの、汁もの（味噌・醤油）、揚げもの、和えもの、炒めもの、酢のもの、粕漬《かすづ》け、味噌漬け、葛餡《くずあん》かけ、卵とじなどが紹介されている。塩抜き法も、熱湯なのか、ぬるま湯なのか、熱湯をかけたのちに冷水で洗いながすのか、が部位ごとに指南されるこだわりようである。保存法についても同様で、部位ごとに多様な工夫が披露されている。たとえば、黒皮については、「油で揚げたものは味が長く変わらないが、煮ただけのものは悪くなりやすい」などと、経験知が豊富に蓄積されていたことをうかがわせる。

胃に付属する血腸《ちわた》は、唯一、「肥料にも、食用にもしない」とされており、肝臓も、「肥料とされているようであるが詳細不明」とされている。また可食部位六八のうち、十二指腸など六部位は「下人用」と位置づけられている。尾肉の皮部分のテイラをはじめとする一六部位については、「若いクジラ」がよいとされ、反対に老いたクジラに言及し、それを評価するのは、脾臓《ひぞう》のみである。興味深いのは、耳石を包む肉、舌、（セミクジラやコククジラの）下顎の肉、歯茎の付け根、食道、胃の七部位について、「くどい」（原文ではオモシ）として低評価がくだされている点である。のちに第四節で議論するように、今日、鯨舌（サエズリ）は高い評価を得ているものの、当時は、舌をふくむ脂っぽい部位の評価が総じて低かったことがわかる。

このようなクジラを利用しつくす知識の蓄積に驚愕するばかりである。しかし、本書が単に「鯨食百科」としてではなく、『勇魚取絵詞』という捕鯨解説書の附録として刊行されたことと、当時の成熟した知的環境を考慮すると納得がいく。たとえば、一七八二年に刊行された『豆腐百珍』は、料理を知的に楽しむという点でユニークな著作となっている。それまでの料理書が季節の素材や献立の組みあわせを論じ、それぞれに料理法を記述したのとは対照的に、豆腐という一品に限定して、これを等級別に一〇〇種類の料理法をしめすという斬新さがあった。しかも巻頭と巻末には、豆腐に関わる書や漢詩および和歌・俳句、さらには中国古典などを列挙し、豆腐についての蘊蓄《うんちく》を披瀝することで、知的な味わいをも満足させようとする意図がよみとれる。

『豆腐百珍』の刊行後、一般に「百珍物」と称された、ひとつの食材を総合的に紹介する料理書が人気を博し、マダイ（一七八五年）、サツマイモ（一七八九年）、ハモ（一七九五年）、コンニャク（一八四六年）などの食材を紹介する料理書が刊行されている。つまり、『鯨肉調味方』も、単に食材としての鯨肉とその調理法を解説した専門書としてだけではなく、人びとの、味覚のみならず知的な探求心を満喫しようとした「百珍物」の文脈に定位することで、鯨食もまた、江戸期の成熟した食文化の一翼をになっていたことが理解される。それこそが、鯨革命の革命たる所以《ゆえん》であり、江戸時代に日本列島の捕鯨と鯨食――捕鯨文化――がひとつのピークに達した証でもあるのである。

鯨は海の牛肉なり

たしかに『鯨肉調味方』は江戸時代の鯨食文化の粋をきわめたものである。一八万点を越える食関係の資料を収集するケンショク「食」資料室長の吉積二三男さんも、『鯨肉調味方』のすばらしさを認めるひとりである。しかし、吉積さんは、発行部数が限定的であったことから（一説では二〇部とも）、同書が幕府や大名たちへの献上・贈答用だったのではないかと推量し、せっかくの知識がどれほど一般に流布していたかについては懐疑的である。

そのことに留意したとしても、長崎や佐賀、福岡、山口など西海捕鯨の舞台となった沿海諸地域では、今日にいたるまで鯨食文化がさかんであることも事実である。たとえば、調査捕鯨にもちいられる捕鯨船団を提供する共同船舶が二〇〇八年（平成二〇）におこなった「調査副産物都道府県別流通量」の推定値によると、年間の鯨肉消費量は、福岡県五四五トン、大阪府五三三トン、東京都四七三トン、北海道三五〇トン、宮城県三一二トンであった。しかし、年間のひとりあたりの鯨肉消費量では、長崎県一九七グラム、佐賀県一六八グラム、宮城県一四八グラム、山口県一三三グラム、福岡県一一〇グラムとなる（ただし、これらの数字は、実際の消費量ではなく、あくまでも流通量とそれを県民人口で除したものである）。

関西地方以西の列島各地で豊かな鯨食文化が育っていたことは、たくさんの資料で確認できる。たとえば、ノルウェー式近代捕鯨を大々的にすすめていた東洋捕鯨が一九一〇年（明治四三）に編集した『本邦の諾威《ノルウェー》式捕鯨誌』にもあきらかである。また、農商務省水産局長の村上隆吉が、一九一九年（大正八）、『婦人界』三巻一〇号に寄稿した「新食料としての鯨肉と其料理法」という以下の文章からも、そのように断言できる（傍点とかっこ内は引用者による追記）。

『クジラは海の牛肉なり』。これはこの度農商務省が、一般家庭に向かって鯨肉奨励の宣伝をするに當《あた》りまして用いた唯一の標語なのであります。すなわち、鯨はその滋養価においても味においても少しも牛肉のそれに劣らないのであります。ことに鯨の畝皮《うねかわ》の部分の我々に与える熱量は、牛肉の五四七カロリーに対する二七六四カロリー、すな

> わち約五倍以上の栄養価を有し、値段はといえば牛肉の一〇〇目（三・七五キロ）一円六〇銭に対する三〇銭で、五分の一にも當《あた》らないのであります。また赤肉になりますと、その栄養価はやはり牛肉以上で、値段にいたっては一〇〇目わずかに一六銭、すなわち牛肉の一〇分の一という低廉なのであります。我国でも四国や九州あたりでは昔から網や銛などで鯨を捕ることを知っておりましたので、したがって関西地方には早くからその肉を賞美する風があって、その調理法などもなかなかすすんでいるようですが、関東地方では、最近諾威式捕鯨法が行われるようになってから、初めての所が多いので、まだ鯨肉食用が一般に普及されていないのは、はなはだ遺憾とする処であります。（後略）

一九一〇年代に農商務省が「クジラは海の牛肉なり」というキャッチコピーで鯨肉奨励キャンペーンを実施していたこと自体、興味をそそられる事実である。しかし、そのことよりもなによりも、水産行政のトップたる村上自身が営業マンを買ってでなくてはならないほどに、二〇世紀初頭の東京では鯨食が認知されていなかった点に注意が必要である（村上は論文執筆の前年、一九一八年に水産局長に昇格している）。

栄養価と価格でせまる村上の営業論法は合理的である。しかも村上は、まだ畜肉自体の消費が少なかったことを考慮してか、鯛《タイ》、鮪《マグロ》、鰮《イワシ》、鰈《カレイ》、鯵《アジ》、鱒《マス》、鰹《カツオ》、鯖《サバ》、鮃《ヒラメ》、鰤《ブリ》などとも鯨肉を比較するなど徹底している。そのうえで、「鯨肉はほかの諸肉類に比して発生熱量最も多く、しかも価格は鰮を除くのほか、いずれの肉よりも低廉であります。ここにおいてか率先して各自の嗜好に最も適する調理法を考究して、おおいにこの衛生的経済的の良食品の真価を一般にあらわしていただきたいものであります」と鯨肉振興を説くのであった。

食文化の保守性

しかし、食習慣というものは、いくら行政が肩入れしても、一朝一夕には変化しない保守的な性質を持っているようだ。つぎの記事が示すように、ほぼ二〇年後の東京でも、鯨肉消費の伸展は、まだ途上にあった。

「軍国気分満喫！　鯨のスキ焼　栄養価は牛肉とほゞ匹敵　鯨鍋もウマイねェ」　牛豚肉に代わるべき動物性食品として兎、羊、鯉《コイ》、鰯《イワシ》などが奨励されているのに、鯨が何故か閑却されているのは不思議議です。鯨は蛋白質二〇・九五、脂肪七・六二、灰分一・二五というほぼ牛肉に匹敵する成分をもち、かつ羊や兎は全国民が一〇日か、一か月も食い続ければ、なくなってしまうほど少量であるのにくらべて、鯨は無尽蔵であることを考えれば、なによりもまず鯨を食はねばならぬ筈です。が、現在は、捕鯨の目的は鯨油を得ることが主で肉には重きをおいていないため、輸送方法がほかの魚類、海産物ほど慎重でない傾向があり（後略）［『読売新聞』一九三七年一〇月二一日、

朝刊、九頁〕

この記事は、鯨肉の価格にはふれていないものの、栄養価が牛肉と同価値であることを強調している点は、村上の営業手法を踏襲している。それ以外にも、この記事からは、①鯨肉が全国的に消費されていなかったこと、②南氷洋の豊富な鯨類資源を念頭に鯨類資源が「無尽蔵」であるとされ、かつ、③南氷洋では従来の鯨油生産に加え、鯨肉生産が急務の課題となったこと、の三点が看取できる。

この三点目は大切である。というのも、日本の捕鯨船団が南氷洋ではじめて操業した一九三四／三五年漁期から太平洋戦争の開戦で中止されるまでの七漁期にわたった南鯨では、鯨油生産が主目的とされていたことを示唆しているからである。それは、鯨肉生産を主要目的として操業していた三〇隻程度の、国内の沿岸捕鯨者たちを保護するためでもあった。

そんな均衡が崩れるのは、一九三七年（昭和一二）に勃発した日中戦争が泥沼化する一方で、おりしも対米戦争不可避との気運も高まり、戦時体制が本格化する一九三八／三九年漁期からである。それまでわずかばかりの塩蔵肉しか持ち帰られていなかったところに、鯨肉輸送用の冷凍船が別個に派遣されるようになったのである。

「極光《オーロラ》の海から代用品の寵児《ちょうじ》　鯨肉、皮の土産はふんだん　タンカーを冷凍船に改造して　中秋　乗出す捕鯨船部隊」（前略）昨年度の捕獲五五〇〇頭、鯨油五万六〇〇

○トンだったのを今年は約二倍の一万頭、鯨油一二万二〇〇〇トンが目標とある。（中略）人造バターや火薬、石鹼の原料としてドイツ、イギリスなどへ売られていた鯨油だけなら問題はないが、これまで海に捨て去って来た鯨肉や鯨皮は、どうして日本に持ち帰るかが研究題目だ。鯨油本位に造られた従来の母船では手の施しようもなく、中積船などで腐敗しやすい肉や皮を冷凍または塩漬けにして赤道直下を一月《ひとつき》も費やして運ぶのでは、技術的にも採算的にも無謀にちかい。さりとて国策上鯨体帰送は是非とも早急に実現したいとあって、日水、大洋、極洋三社間で今夏来農林省の指示を仰いで方法を練っていたところ。母船の構造を急に鯨体輸送本位に改造することは実際問題として不可能のため、これまで鯨油や重油の中積みに使っていた中積船（タンカー）を三社の協同出資で冷凍船に改造、これを一二月から来春三月までの盛漁期に数回廻航。（後略）〔『読売新聞』一九三八年八月二八日、第二夕刊、二頁〕

日中戦争の戦時下とはいえ、「軍国気分満喫！」「極光の海から代用品の寵児」といった見出しなど、これらの報道からは、それほどの逼迫感は伝わってこない。それでも、①鯨肉を持ち帰るには、専用の冷凍船が必要であり、②その用意が資金的・技術的にも困難であったことがわかる。つまり、それほどに戦前の南鯨は鯨油生産に特化したものであったのである。

極洋捕鯨の副社長だった多藤省徳が回顧した『捕鯨の歴史と資料』（一九八五年）には、日本の南鯨船団の成績が記録されている。それによると、先ほどの『読売新聞』の記事は、皮算用であったようだ。一九三八／三九年漁期に日本の合計六船団が生産した鯨肉は、わずか二八〇〇トンにすぎなかったからである（鯨油は八万トン）。ただし、「動く冷蔵庫」と形容された冷凍船、厚生丸（八二二三トン）を日本水産が投入したのをはじめ、各社が冷凍運搬船を派遣する翌一九三九／四〇年漁期以降、日本船団による鯨肉生産は、八四〇〇トン（一九三九／四〇年漁期）、一万三五〇〇トン（一九四〇／四一年漁期）と着実に増加していった。食料不足をこぼす人びとの期待感は、以下のごとくであった。

「何処で買っても値段は同じ　鯨肉、愈《いよいよ》近く築地入荷」（前略）捕鯨船隊は、今年は鯨油の製造ばかりではなく戦時食糧品確保のために白長須鯨そのほかの美味しい肉を冷凍にして故国へ送ることになっているが、いよいよ来たる三月中旬一万トンの運搬船厚生丸が鱈腹《たらふく》その肉を積み込んで帰国することになったので、築地の中央卸売市場では東京入荷二〇〇〇トンを目指して牛豚肉の不足を補うべく販売準備におおわらわ。／値段は大体牛中肉の約半値位と想像され、市内六〇〇の小売市場と魚屋さんへ配給するが、何処で買っても同値で買える様に価格統制を厳重にする計画。従来鯨肉の内地消費量は一年一六〇〇トンくらいで、関西で多少食われる以外はほとんど肥料にされていた。ところが白長須鯨のひげのつけ根やひれ肉は通人から珍重されているばかりでなく、赤肉や鹿子肉《かのこ》はすき焼きとしても結構な物なので、品不足をかこつやき鳥屋やカツレツの屋台店に鯨が登場する日も近かろう。〔『朝日新聞』一九四〇年二月九日、夕刊、三頁〕

従来、内地で消費されてきた一六〇〇トンの六倍近い鯨肉が供給されるのである。国策とはいえ、それらをいかに売っていくのか？　そこで、鯨肉消費を喚起するための宣伝活動が、さまざまにおこなわれた。たとえば、日本水産は一九四〇年に『鯨読本』というA5判二二頁の小冊子を発行している。鯨類の生態や南鯨の歴史、しくみを紹介する本冊子には、五頁にわたって赤肉のつけ焼、赤肉のカツレツ、赤肉の味噌漬け焼、赤肉のバター焼、赤肉のスキ焼、赤肉の野菜煮込、酢味噌和、味噌汁、鯨の大和煮、鯨の八宝菜煮、鯨の唐揚げ、鯨の佃煮、鯨のカレーライス、鯨の一口揚げの一四品の本格的なレシピも収録されている。レシピの冒頭には「鯨赤肉の調理方法」と題した以下の一文が添えられている。

鯨赤肉の優れた点は、味が淡白で獣肉と魚肉の中間の様なもので、生で喰べても美味しく、そのほかいろいろの料理に用いられます。調味料がよく浸み、美味しくなり、一度食べると大概の方は好きになります。／脂肪分が少ないのが長所でもあり短所でもありますから、お料理の種類により適宜にバター、ヘット（牛脂）、胡麻油などほかの脂肪を補います。なお、牛肉には牛肉の臭味、魚には魚の臭味がある様に鯨肉にもわずかに一種の臭味があります。鮪に似たにおいですが、決して不快なものでなく食べ慣れた方はかえってこの臭味を珍重します。もしこの香を除きたい場合には生姜かおろし生姜または玉葱かおろし玉葱を使えば簡単に消えます。／調理法と申しましても、だいたい牛肉や豚肉と同様にお使いくだされればそれでよいのです。

図37　『鯨読本』（日本水産株式会社編，1939年，ケンショク「食」資料室所蔵）

まさに鯨肉に馴染みない消費者に語りかける口調である。『鯨読本』の発行部数と頒布された地域などの詳細はわかっていない。おそらくは、『鯨読本』が強調する「全国五十余の直営販売店」と各地の魚市場、魚問屋、百貨店、魚屋などを通じて、東日本を中心にばらまかれたものであろう。

節約料理と代用品

日本水産などの捕鯨会社が鯨肉の宣伝をおこなうのは、いたって自然である。だが、鯨肉を宣伝したのは、なにも水産会社だけではなかった。総動員体制が強化されるなか、日本女子大学校家政学部料理研究室は、B6判一三四頁の『戦時家庭経済料理』（一九三八年）を出版している。その冒頭には、「はしがき」として、以下の決意が表明されている。

> 国民の体位向上は民族の発展、国家の隆昌、一家の繁栄の基調をなし、長期建設の重大要素となすものであります。／而《しこう》して体位の向上を図るには種々の方面から云う事が出来ますが、就中《なかんずく》栄養問題は最も大切であります。本書は御国の為に故国をはなれて酷寒と戦い、悪疫に抗して強敵を相手に奮闘する勇士に豊富な食料品を、銃後の護りには節約料理を、而《しか》も栄養価値にはかわりなくというモットーの下に研究せられたものであります。／その結果、牛肉、豚肉は戦地へ、鯨肉、兎肉は内地で、其《そ》の他従来はとかく軽ぜられて居た鰊《ニシン》、鱈《タラ》、鰯《イワシ》干物、内臓等の食品材料もこれを味良く

調理し栄養補給を計るという点では一躍戦時下栄養食品として消費節約、貯蓄奨励の国策線に乗って第一線の経済戦士となって活躍することになりました。／今や、国民体位の向上は刻下の急務であり、而もそれは偏《ひとえ》に女子の双肩にかかっていることを自覚しなければなりませぬ。

これまで等閑視されてきたクジラやウサギも、ニシンやタラ、イワシなどといっしょに国家に尽くすのだ、という擬人法的文体には恐れいるばかりであるが、国民が鯨肉を食べる理由を、戦線にいる兵士へ牛肉と豚肉を供給するため、との位置づけを明確化するあたりはいさぎよくもある。

そんな本書では、鯨肉料理（五〇品）がトップをかざり、三一頁にわたって紹介されている（紙幅の二三％）。以下、兎料理（一九品）、内臓料理（三六品）、干物料理（六四品）、海藻料理（二九品）とつづき、おもに野菜の葉っぱや屑野菜などをもちいた「廃棄物の料理」五二品、安価なおやつ一六品が附されている。和洋中なんでもござれのハイカラ料理が紹介されてはいるものの、節約を意識してか、薄赤色の地味な表紙を覆った質素な作りで、定価二五銭であった。同年木村屋のあんパンが一個五銭、ジャムパンが一〇銭だったというから（『値段の明治・大正・昭和風俗史』一九八一年）、廉価な普及版を目指していたのであろう。そんなねらいが的中したのか、それとも、このような書物を時代が欲していたのか、一九三八年（昭和一三）一二月三日に初版が発行されたのもつかのま、わずか六週間後の一九三九年の一月一六日には四版を増刷するにいたっている。

鯨肉料理の冒頭では、例によって鯨肉の栄養価にすぐれていることが説かれ、つぎの一文がつづく。

以前より九州地方関西地方等にては、其《そ》の栄養価や、風味や、価格等の点より鯨肉を賞味せられた所もあるが、広く一般の家庭には多く知られていない。鯨の赤肉は一般に牛肉等より軟らかく、幾分黒味がかっていて鮪の肉に似ており、新鮮な肉は（冷凍の肉も甚《はなは》だ新鮮）、美味であって別に何の臭いもない。

当時、どの程度の量の冷凍鯨肉が流通していたのかはわからないが、それでも多少は流通していたことが知れる貴重な資料である。生活文化史家の村瀬敬子の著書『冷たいおいしさの誕生――日本冷蔵庫一〇〇年』（二〇〇五年）によると、日本の食品冷凍は魚類からはじまり、一九二三年（大正一二）の関東大震災の際、市場が罹災者に冷凍魚を放出したことで冷凍魚の存在が認知されたという。したがって、それから一五年以上たった一九三〇年代末に冷凍鯨肉が出まわっていても不思議ではない。しかし、鯨肉市場が関西以西の旧来の消費地に限定され、それも年間一六〇〇トン程度の需要しかなかったとすれば、それらの消費地へは、沿岸捕鯨で捕獲された鯨肉が、生肉もしくは、冷蔵品、塩蔵品として流通するだけで十分だったはずである。

南氷洋産の冷凍鯨肉を、わざわざ流通させようとする国策の意図は、あらたな市場――東京を中心とした大都市――を意識したものだったはずである。第一、当時の農村で、それほど牛肉や豚肉を日常的に消費していたとは思えず、その代用品を欲していたとは考えにくい。また、江戸時代以来の鯨食文化を継承してきた地域で、『戦時家庭経済料理』が説く「鯨肉ピックルス入りバターソース」や「鯨肉ソーテ　ディアブルソース」などといった伊達な料理が受容されたとも思えない。大阪をふくむ西日本の「伝統的」鯨食地域では、現在でもさまざまな鯨食料理に創意工夫が試みられているが、それはあくまでも鯨肉を主役とするもので、鯨肉をなにかの「代用品」とする発想にもとづくものではない。

ここからは、わたしの憶測である。わたしは、生産手段を持たない都市住民以外にも、当時、冷凍鯨肉を必要とした集団がいたと考えている。それは軍隊である。『戦時家庭経済料理』は、兵隊に牛肉と豚肉を送るために国民は鯨肉と兎肉で我慢することを誓っている。しかし、軍人が鯨肉を食べなかったわけではない。たとえば、第一艦隊司令部が編集した『昭和十四年度　第一艦隊献立調理特別努力週間献立集』（一九三九年）には鯨肉料理一八品が載っている。

第一艦隊とは、いわゆる連合艦隊のことである。本書は、日中戦争以降、従来のような食料の調達が困難になったことをうけ、第一艦隊所属の各艦を対象におこなった節約料理の献立コンテストでえらばれた優秀レシピ集である。ハイカラな海軍らしくカツレツやフーカデン、グラタン、シチュウなどと洋風料理が考案されている。しかし、不思議に思われるのは、どのレシピもわざわざ材料を「生鯨肉」と断っていることだ。

考えてみてもらいたい。戦艦たるもの、いったん出港してしまえば、つぎの寄港地まで何週間を必要とするやもしれず、冷蔵肉で足りるわけがない。もちろん冷蔵生肉も利用したであろうが、冷凍肉も給仕されたと考えるのが自然であろう。第一、軍艦の巨大な冷凍庫であれば、南鯨から帰港した冷凍船から冷凍肉を積みかえればよかったわけで、沿岸捕鯨で生産された鯨肉をわざわざ凍らせる手間も、エネルギーも、不要となる。まだ断言できるにはいたらないものの、南氷洋から冷凍鯨肉を持ち帰ろうとした国策の本音は、都市民の胃袋を満たすだけではなく、兵站確保を意識したものであったのではないか、とわたしは臆断している。

ともあれ、せっかくの南氷洋産の冷凍鯨肉も、太平洋戦争が勃発した一九四一／四二年漁期からは南鯨自体が中止され、捕鯨船も冷凍船もほとんどすべてが海軍に徴用されてしまった。沿岸捕鯨船だけは操業を許されたものの、それもことごとく沈められたことは想像にたやすいはずだ。そのため、太平洋戦争下においては、人びとが心から欲したであろう鯨肉が供される機会はほとんどなかった。鯨肉がふたたび人びとに供給されたのは、一九四六年新春からである。

「鯨肉配給はじまる」　太平洋漁業株式会社、東京水産物統制会社、東京魚介配給統制組合共同の鯨肉第一回特別配給は二九日より五日まで左記の地区にて配給する。／価格は一人あたり正肉二〇匁（三・七五グラム）と白皮四匁で計六〇銭、二九日京橋、滝野川、三〇日中野、三一日中野、本所、牛込、二月一日杉並、二日杉並、四日杉並、麻布、日本橋、五日神田／なお残りの地区へも今後、引き続き配給する。〔『朝日新聞』一九四六年一月三〇日、朝刊、三頁〕。

これらの鯨肉は、まだ上陸を許されなかった小笠原海域で捕獲されたものであった。軍から払いさげてもらった老朽船を急ごしらえで改造したもので、冷蔵も十分ではなかったし、第一、量が不足していた。連合国最高司令官総司令部（ＧＨＱ）のあとおしのもと、未曽有の「国民総鯨食」時代の幕があくのは、一九四六／四七年の南鯨再開まで待たねばならなかった。

国民総鯨食時代——マーガリンと魚肉ソーセージ

南鯨再開

「待望の母船式捕鯨　一二月初めから南氷洋上へ　附属船を伴ふ一二船隊」【渉外局発表】日本は来る一二月南極大陸沖の捕鯨漁業の再開を許可されることになった。（中略）連合軍最高司令部では一九四六年から四七年にかけ鯨加工船二隻、キャッチャー・ボート一二隻、運搬船七隻の南極洋捕鯨出漁を許可する旨の指令を八日発した。（中略）捕獲予定数は白長須鯨八〇〇頭、長須鯨一二〇〇頭、計二〇〇〇頭、生産物にして鯨肉一万八七八〇トン、鯨皮その他の食料品九三三〇トン、鯨油一万一四五〇トン、肝油一二トン計三万九五七二トンが見込まれている。［『毎日新聞』一九四六年八月九日、朝刊、二頁］

同記事はつづいて、「今回の捕鯨許可によって、やがて再び日本が水産国として世界市場に仲間入りが出来る明るい希望と大きな刺激を与へられた」とし、「(GHQより) 特別許可を与へられたことはどんなに感謝しても感謝しきれない。戦前に較べれば母船、氷蔵運搬船なども小さくなり、キャッチャーの数も少ないが、従来と違って鯨油だけでなく、塩肉一万トン、氷蔵鮮肉約三〇〇〇トンを持って帰るつもりだが、これも牛に換算すると約五万頭に当たる。この厖大な恵みを得る機会を与へられたことに対し、われわれ業者は最高の成績をもって報いなければならぬ」との業界の決意を伝達している。この報道こそ、戦後の南氷洋捕鯨再開、すなわち国民総鯨食時代到来を告げる号砲である。

学校給食と鯨の竜田揚げ

一九五二年(昭和二七)四月、小麦粉に対する国庫半額補助がはじまり、全国すべての小学校でパンと牛乳(脱脂粉乳)に副食からなる給食が実施されるようになった。同年の献立の典型は、コッペパン、牛乳(脱脂粉乳)、鯨の竜田揚げ、せんキャベツ、ジャムであった。また、学校給食で鯨の竜田揚げとともに人気となったのが、カレーや揚げパンなどであり、いずれも油脂の補給とエネルギーの確保をめざしたメニューであったことは、体軀増強のみならず、戦後に育った日本人の味覚に変容をせまる契機となった。

食物学研究者の石川尚子は、一九五四年に施行された「学校給食法」がパンと牛乳を基本としたことから、家庭においても「食の欧米化」が進んだことを指摘している。「食の欧米化」志向は、学校給食のみならず、復興期に生活改善運動の一環として実施された、戦前の炭水化物に偏った食事スタイルから、タンパク質や油脂などの不足栄養素を補充する「国家的」指導にも看取できる。大型バスを改造した野外用料理講習車「キッチンカー」による地域巡回の料理教室と油脂を摂取するための「フライパン運動」が、その好例である。キッチンカーは一九五六年に日米政府が共同で開始した栄養改善運動であり、フライパン運動とは一九六一年に厚生省が提唱した「一日一回、フライパンで油料理を」というキャンペーンである。こうした運動の目的が、日本人に不足していた油脂類と動物性タンパク質の摂取をふやすだけではなく、米食から小麦の粉食への転換をはかろうとした点も無視できない。

鯨の竜田揚げは、たしかにわかりやすい。噛んだ瞬間に口中に広がる油のまろやかな感覚と柔らかくて香ばしい鯨肉の食感とが醸しだす充足感には形容しがたいものがある。しかし、いくらなんでも、毎日、給食に竜田揚げが出ていたはずはない（だったとしたら、とっくに嫌になっているはずだ）。その後、カレーがわたしたちの食卓に定着し、マニアックに進化しつづけているのに対し、鯨肉自体が稀少化しているためか、鯨肉自体が縁遠く感じられることが、逆に竜田揚げへの思欲をかきたてるのであろう。

日本の南鯨がピークへの坂をのぼりはじめるのは、戦前期とおなじ六船団を投入し、鯨肉の生産が一〇万トンを越える一九五七／五八年漁期からのことである。一九三三年生まれの池田さんが四度目に参加した南鯨のことである。大洋漁業が南アフリカから購入した母船船団一式を第二日新丸船団として投入したシーズンのことであり、池田さんもこの漁期から第二日新丸に大工長助手として勤務するようになった。

戦前・戦後を通じ日本の船団が最大の七船団となるのは、それから三シーズン後の一九六〇／六一年漁期のことだ。これは極洋捕鯨が英国から購入したバリーナ船団を第三極洋

図38『くじら料理のしおり』(大洋漁業株式会社, 1952年, ケンショク「食」資料室所蔵). A5判55頁に, 和風料理36品, 欧風料理24品, 華風料理13品, 集団給食料理16品にマーガリンをもちいた料理・お菓子6品の, 合計79品が紹介されている. わざわざ給食用のメニューがあるように, こうした冊子も鯨肉消費と油脂摂取を刺激した

丸船団として投入したことによっている。奥海さんがはじめて南氷洋に行ったのは第二極洋丸（一九五六年にパナマ船籍のオリンピック・チャレンジャー号を購入したもの）であったが、それもおなじく六〇／六一年漁期のことである。まさに極洋捕鯨が規模拡大をめざしていた時期のことである。そうした「行け、行け、ドン、ドン」的な雰囲気を増長したのは、その前シーズンの五九／六〇年に、日本がノルウェーをおさえて捕鯨世界一となったことであった。敗戦からわずか一五年のことだ。関係者はもちろん、国民も、はればれしい思いにひたっていたにちがいない。

鯨油とその用途

鯨類の皮や脂肪、骨からとれる油を鯨油と呼ぶ。鯨類は、人間でいえば歯茎にあたる部分が伸びた鯨髭《くじらひげ》（baleen）を持つヒゲクジラ類と歯を持つハクジラ類の二種類に大別できる。通常、ヒゲクジラ類からとれた油をナガス油、ハクジラ類からとれた油をマッコウ油と呼び、区別している。ナガス油は植物油同様に食用できるものの、マッコウ油はワックス（蠟）をふくむため食用とされないように、油の性質がことなるためである。

一八二〇年に英国人捕鯨者のウィリアム・スコーズビー（William Scoresby）があらわした『北極圏――北極海捕鯨の歴史』によれば、鯨油の主要な用途は、①皮革・羊毛洗浄用の液体石鹼、②照明用燃料および蠟燭《ろうそく》、③ワニスやペンキなどの塗料原料、④精密機械の潤滑油などであった。産業革命の揺籃ともいえる毛織物工業は、刈りとった羊毛を洗浄しなければならず、その工程に大量の鯨油を必要とした。一八世紀に英国における毛織物の生産が伸びるにつれ、それだけ鯨油の需要も増大していった。

一八世紀半ば、欧米社会の都市を照らしていたのは、鯨油を光源とする街灯であった。捕鯨史的に興味深いのは、その頃にマッコウ油が登場することである。マッコウ油は、それまで捕鯨対象種であったセミクジラの油よりも明るくて臭いも少なかったことから、より優れた光源とされた。家庭用ランプや蠟燭の需要は一九世紀にますます大きくなり、それだけマッコウ油の商品価値も高まった。米国の捕鯨船が日本近海で狙ったのは、もっぱらマッコウクジラであり、そうした需要を満たすものであった。

ところが、石炭からガスを精製する技術が開発されると、街灯は次第にガス燈にとってかわられた。米国東インド艦隊司令長官のマシュー・ペリー（Matthew Perry）が「鎖国」の扉をこじ開けようとしていた、まさにその頃、皮肉にも、光源としての鯨油の人気には陰りが見えはじめていた。それは、同時期に米国で生じた二つの出来事に起因した。ひとつは一八四八年にカリフォルニアで金鉱が発見され、一攫千金を夢見てゴールドラッシュに参入する捕鯨者が続出したことであり（労働力不足）、もうひとつは一八五九年にペンシルバニアで油田が開発され、石油の利用が可能となったことである（需要不足）。

こうして鯨油採取を目的とする捕鯨は終息していった。しかし、二〇世紀初頭に鯨油は、ふたたび脚光を浴びるようになる。それは、ドイツで液体油を固体化する「硬化油処理法」が開発され、スコーズビー時代には想定できなかった鯨油の利用法が誕生したためである。この新技術により、鯨油は高次加工が可能な工業原料と化したのであった。たとえば、アルフレッド・ノーベル（Alfred Nobel）が開発したダイナマイトの原料はニトログリセリンであるが、その原料となるグリセリンは、もともとは固形石鹼を製造する過程の副産物として誕生したものであった。第一次世界大戦が勃発し、爆薬需要が増大すると、鯨油はきわめて重要な戦略物資と転じていった。

さらに鯨油特有の臭みを取りのぞくことに成功したため、鯨油は一八七〇年代に実用化されたマーガリン製造と結びつくことになった。ノルウェーとイギリスが南氷洋での母船式捕鯨に進出したのは、第一次世界大戦後にヨーロッパで生じたマーガリンの爆需に刺激されたためであった。前節で詳述したように一九三四／三五年漁期から日本が南氷洋に進出したのも、そうした世界的なマーガリン需要の波に乗るためであった（本書一八四〜一八五頁の『読売新聞』の記事を参照）。

マーガリンの脱皮

戦後、米国による食糧援助のおかげでパン食が普及したことは、周知のことである。食パンにしろ、コッペパンにしろ、バターなり、マーガリンが必要となる。ヨーロッパにおけるマーガリン原料として鯨油が注目されたように、日本でもマーガリンの主要原料は鯨油であった。

「主婦の科学　マーガリンの成分」　粉食が普及するにつれて、マーガリンも親しまれるようになりました。マーガリンは、以前には人造バターなどといわれ、質もよくなくあまり好まれなかったようです。しかし、その後の製造方法の進歩により、現在ではずいぶんよくなってきているようです。（中略）マーガリンの原料は動物性の油と植物性の油が用いられています。アメリカでは植物油が主で綿の実の油や大豆油が主として用いられています。日本では、原料の関係で動物油の鯨油が一番多く使われ、それについでヤシ油、大豆油、牛脂などが使われています。（後略）〔『読売新聞』一九五七年二月一六日、朝刊、五頁〕

前節で紹介した『戦時家庭経済料理』（一九三八年）は、和洋中のメニューからなっているが、和には胡麻油、洋にはバター、中には豚脂（ラード）と使いわけているほどに油脂にこだわっている。鯨肉料理には使用されていないものの、兎肉料理と内臓料理ではサラダ油（主原料不明）も使用されている。しかし、いずれの料理にもマーガリンは登場していない。『第一艦隊献立調理特別努力週間献立集』（一九三九年）からも、ほぼ同様の指向を見出すことができる。それどころか、料理によってはヘット（牛脂を精製した食用油）の使用を指示するほど油脂にこだわっているにもかかわらず、同書にマーガリンが登場しないことから、「戦前期にマーガリンは受容されていなかった」と仮定できよう。右の記者がいうように、「粉食の普及とともにマーガリンが親しまれるようになって」きたという説は、それなりに妥当性がありそうだ。つまり、戦後にマーガリンを食べるようになったということは、その分だけ鯨油を消費するようになったことを意味する。「見えざる鯨」の消費たる所以《ゆえん》である。

しかし、米国の主要生産物である綿実油や大豆油などとの競合をはじめ、鯨油は、つねにほかの油脂原料との競争にさらされていた。価格は当然のこと、風味や食べやすさが勝敗を決する要因となった。

「食べる〔四〇〕　変身する食品五　バターをしのぐマーガリン　原料も魚鯨油から植物油に」（前略）マーガリンという名称が使われ出したのは戦後も（昭和）二五年ごろからで、それまでは……人造バターと称していたぐらいだ。（中略）人造バターと呼ばれていたころは、現在のように精製、脱臭技術も進歩していなかったので、ロウをかむようないやなにおいがした。硬くて、パンにぬるにもボロボロしてうまく塗れず、口どけもすこぶる悪かった。（中略）／牛脂から魚鯨油と変化してきたマーガリンの原料は、さらに（昭和）四〇年代にはいり植物油へと三転する。冷蔵庫の普及と共に、融点の低いマーガリンが作られるようになり、植物油を原料に、軟らかく、パンに塗りやすい、ソフトタイプのマーガリンが登場してきた。／「バターは冷蔵庫に入れておくと硬くて、パンに塗りにくい。この点をマーガリンが克服、液状の植物油の配合、硬化油技術の進歩で、低温でも軟らかく、高温でも溶けないものが作れるようになった。バターとは違う食品へという一つの脱皮がこのソフト化にある」（後略）〔『読売新聞』一九七七年一〇月二八日、朝刊、一三頁〕

この記事が述べるように、使い勝手が悪かったため、「人造バター」の需要は低かったようである。それは、節約を標榜する『戦時家庭経済料理』や『第一艦隊献立調理特別努力週間献立集』も使用しないというぐらいにまずかったのであろう。それにしても、①冷蔵庫の普及がソフトタイプのマーガリンの登場をうながし、②そのために主原料が鯨油から植物油への転換が決定づけられ、その結果、③バターの代用品という地位をマーガリンが抜けだした、という三点の指摘は興味深い。

『内閣府消費動向調査・主要耐久消費財普及率』によると、（電気）冷蔵庫の普及が五〇％を越えたのは、一九六五年（昭和四〇）であった。その後わずか一〇年で九〇％を越え、右の記事が書かれた一九七七年には九八・四％と、ほぼ全世帯に普及している（本書二一三頁の図45を参照）。

鯨油から鯨肉へ

一般に「家庭用マーガリン」の原料が動物性油脂から植物性油脂に切りかえられるようになったのは一九六〇年代半ばとされている（例外的に雪印はネオマーガリンを発売した一九五四年当初から純植物性をうたっていた）。ソフトタイプの筆頭格「雪印ネオマーガリンソフト」が発売されたのは一九六八年（昭和四三）のことである。当時の新聞広告によると「冷蔵庫から出してすぐパンにぬれる！　新発売の雪印ネオマーガリンソフトはまったく新しいタイプの純植物性マーガリンです。／口あたりがソフトで、伸びがよく、冷蔵庫からとりだしてすぐパンにぬれます」とある（『読売新聞』一九六八年九月一八日、夕刊、八頁）。塗りにくさの克服が課題だったことを暗示するとともに、わざわざ「純植物性」を強調するあたりは、暗にそうではないマーガリン――鯨油入りマーガリン――の存在を想起させる。実際、ここで、「家庭用」と限定をつけたのは、つぎの事情があるためだ。

「鯨油、大幅な値上げ」（前略）ナガス鯨油の値決め交渉は先月来、日本鯨油販売（大洋漁業、極洋捕鯨など捕鯨六社の共販会社）と日本油脂、ミヨシ油脂など大手油脂メーカーとの間で行なわれていたが、世界的な油脂不足を反映して大幅値上げとなったもの。ナガス鯨油は主として業務用マーガリンの原料になるもので、ケーキや菓子類の価格に間接的な影響がでるのではないかと心配されている。／ナガス鯨油はかつ

図39 「雪印ネオマーガリンソフト」新聞広告（『読売新聞』, 1969年11月4日, 夕刊, 8頁）

「**“ソフト” ならネオソフト！です**／冷蔵庫から出してすぐパンにぬれる／うれしいくらい伸びのよい／雪印ネオソフト！／純植物性のソフトなおいしさ.／使いやすいカップ入り.／パンにはぜったいネオソフトです.／若さと健康をたもつリノール酸が／たっぷり含まれています.」

「**ネオソフトならボクがぬる**／やわらかいから／お子さまもスーッとぬれます.／ソフトでおいしいから／お子さまも大好きです.」

てパンなどにつけるマーガリンの主原料だったが、これらマーガリンが植物油脂を原料にするようになり、今日では菓子類の原料になるマーガリン・ショートニングに向けられている。かつて年三〇万トンもあった需要は年間一万トン程度で、それも魚油に取ってかわられそうだ。〔『読売新聞』一九七〇年一二月一一日、朝刊、六頁〕

「食べものの素顔8　マーガリン　バター代用からの脱皮　植物性の原料でリノール酸十分」（前略）現在、家庭用のマーガリンは「純植物性」「一〇〇％純植物性」などと表示されているように、原料には大豆油、綿実油などの植物油が使われている。それでマーガリンは必ず〝植物性〟と思っている人も少なくないが、家庭用以外の、加工原料として製菓、製パンなどに使われる業務用のマーガリンには動物性油脂も使われ、動植混合のものが多い。（中略）〔『読売新聞』一九七五年二月二六日、朝刊、一〇頁〕

これらの記事から、一九七〇年の時点で生産量がかつての三〇分の一までおちており、すでに将来が見通せないものとなっていたにもかかわらず、それでも一九七五年までは業務用マーガリンに鯨油が使用されていたことがわかる。鯨油生産の低減は、「鶏か卵か」ではないが、南氷洋における鯨類管理が厳しくなってきたためでもあるし、代替油脂資源が広く開発されたためでもある。そのことは、エピローグで触れる。

戦後に「シロナガスクジラ一万六〇〇〇頭分の鯨油」を意味する一万六〇〇〇BWU（Blue Whale Unit：シロナガス換算、一BWUは一二一バレル。一万六〇〇〇BWUは、鯨油およそ三〇万トンに相当）で再開された南鯨は、一九五三／五四年漁期から一万五五〇〇BWU、五五／五六年漁期から一万五〇〇〇BWU、五六／五七年漁期から一万四五〇〇BW

Uと、ゆるやかとはいえ暫時、捕獲枠は減少しつづけてきた。

しかし、一九五八／五九年漁期については、日本をふくむ全出漁国（ノルウェー、イギリス、オランダ、ソ連）が異議申し立てをおこない、結局一万五〇〇〇BWUにもどってしまった。しかも、日本が世界一を達成した翌五九／六〇年シーズンについては、総捕獲枠についての合意が得られず、各国の自主宣言方式での出漁を採択せざるをえなかった。戦前・戦後を通じて「オリンピック方式」と揶揄される「早いもの勝ち」方式の終焉である。この規制方法にも瑕疵《かし》があったし、加盟国一七のうち南氷洋出漁国が五ヵ国（二九％）を占めるという「捕鯨サークル」であったIWCは、こと管理に関するかぎり機能不全におちいりやすかったことも事実である。

なにも日本がズルをしたというわけではない。しかし、日本が世界一を達成したのは、そうしたIWCの、いや世界の捕鯨産業の混乱期であったことは記憶しておいてよい。その証拠にIWCでは一九六二／六三年漁期より、国別割当がなされるようになったのもつかのま、イギリスがその漁期を最後に、つづいてオランダが翌シーズンを最後に南氷洋での母船式捕鯨から撤退した。すると、そうした国ぐにの捕獲枠を購入し、ひとり日本は捕鯨を拡大していった。

そんな日本も、一九六四／六五年漁期からシロナガスクジラが捕獲禁止になると、六

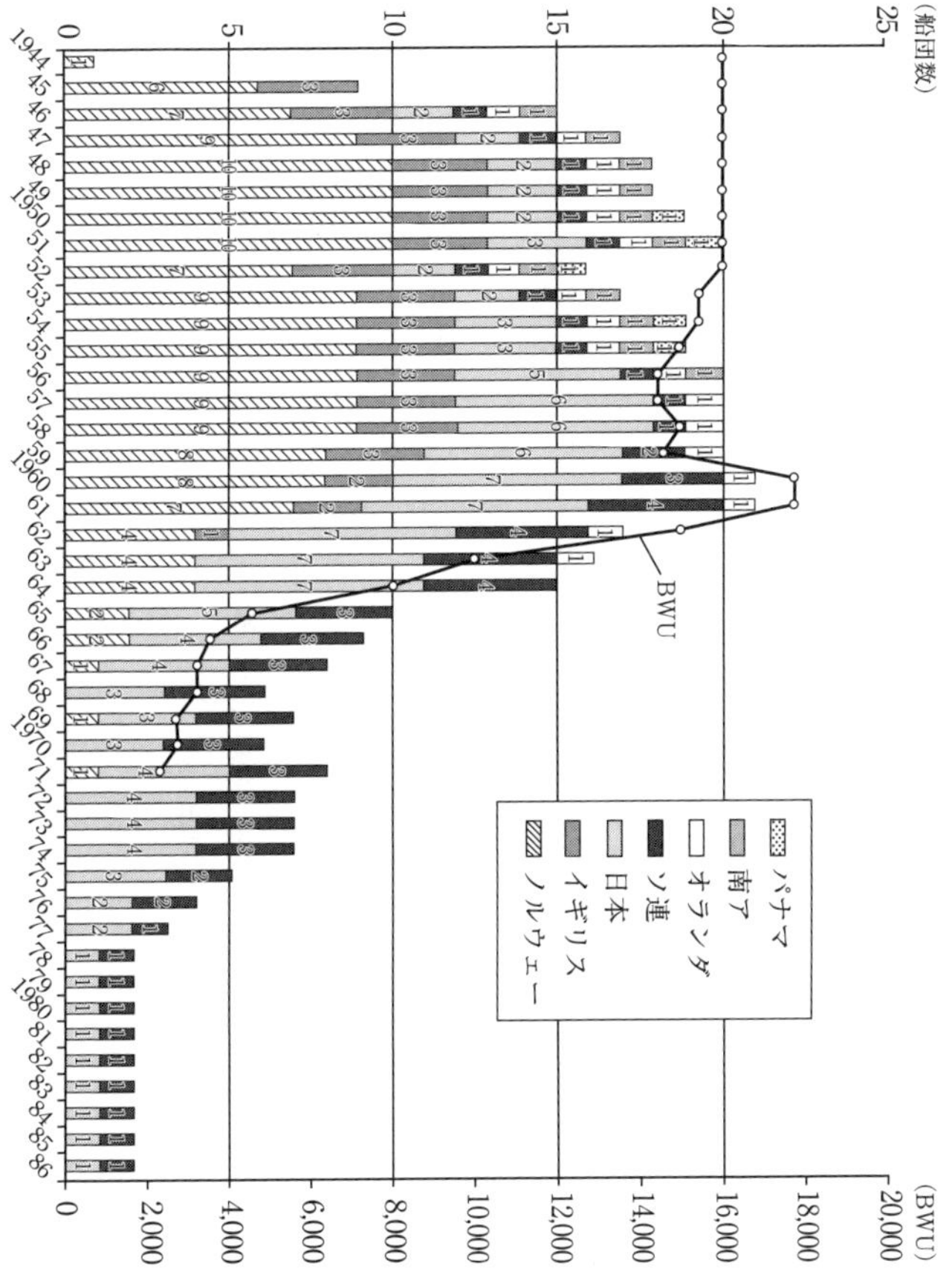

図40　南氷洋捕鯨進出各国の派遣船団数とBWUの推移

（出典）桜本和美・加藤秀弘・田中昌一編『鯨類資源の研究と管理』（恒星社厚生閣，1991年）をもとに筆者作成．

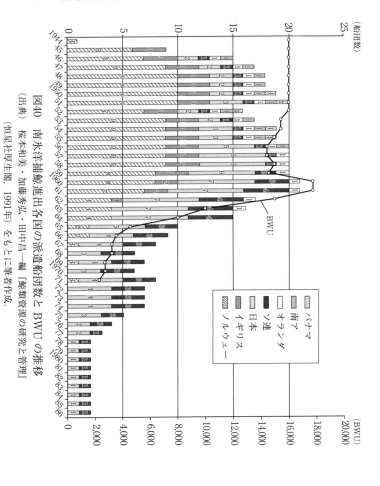

五／六六年漁期からは第二日新丸と第二極洋丸が退くこととなり五船団、翌六六／六七年漁期には図南丸が減船となって四船団、そしてついに六八／六九年漁期には各社一船団ずつの三船団となったように、捕鯨は着実に縮小していった。その結果、七船団時代に一〇万トン台を生産していた鯨油は、六五／六六年漁期には四万トン台に急落したし、一五万トン台をキープしていた鯨肉は、六七／六八年漁期には一〇万トンを割り、その後は国際的な規制が強化されるにつれて生産をおとしていくことを余儀なくされた（池田勉さんが船を降りたのは、まさに第二日新丸がトロール船に転用されたことを契機としている）。

一九七六／七七年漁期からはナガスクジラも禁漁とされたことをうけ、大手水産会社の大洋漁業、日本水産、極洋捕鯨は、ついに捕鯨から撤退することになった。三社は捕鯨部門を切り離し、日本捕鯨、東洋捕鯨・北洋捕鯨の遠洋捕鯨部門と統合させ、一九七六年二月に日本共同捕鯨株式会社を設立した。当時、極洋捕鯨ではたらいていた奥海《おくみ》良悦《りようえつ》さんは共同捕鯨へ異動し、日本捕鯨ではたらいていた和泉節夫《いずみせつお》さんは、正砲手を夢見てそのまま日本捕鯨に残る選択をした。林兼産業が、魚肉ハムの主原料を鯨肉からマトンに転換したのも、この年のことである。

一九七六／七七年漁期の日本の捕獲枠は、イワシクジラ一二三七頭とミンククジラ三九五〇頭、マッコウクジラ二三四頭であった。ハクジラ類のマッコウクジラは、肉ではなく、工業原料用のマッコウ油の採取がおもな目的である。七八／七九年漁期からはイワシクジラも捕獲禁止となり、利用の許されたヒゲクジラ類は唯一ミンククジラのみとなった。最大体長二六メートル・最大重量八〇トンのナガスクジラとくらべるとイワシクジラは最大体長一八メートル・最大重量三〇トンにすぎないし、ミンククジラにいたっては最大体長九メートル・最大重量八、九トンと小さく、鯨油採取の効率がわるくなる。その分、鯨肉の生産が重視されたのは当然のことである。おまけに七九／八〇年漁期から南氷洋でのマッコウクジラの捕獲も禁止されている。つまり、商業捕鯨は一九八七年度まで存続したとはいえ、図41で見るように六五／六六年漁期より、鯨油生産が極端に減っているようにその実態は、一九六〇年代と七〇年代、八〇年代では、ことなっている。鯨油生産から鯨肉生産へとシフトしてきたのである。

魚肉ソーセージ誕生

もともと明治期における肉食は、かつてから食されていた鶏肉を除けば、ほとんどが牛肉であった。豚肉需要が増大するのは、大正時代（一九一二〜二六）に入ってからのことである。それは、ホテルやレストラン、船舶などの需要により、ハムとベーコンが普及したためである。さらに一九一八年（大正七）に海軍の兵食にハムが採用されたことが、豚肉需要を喚起した。ハム・ソーセージの一九二〇年代半ばの生産高は、二〇〇〇〜三〇〇〇トンで推移していたが、一九三五年頃から

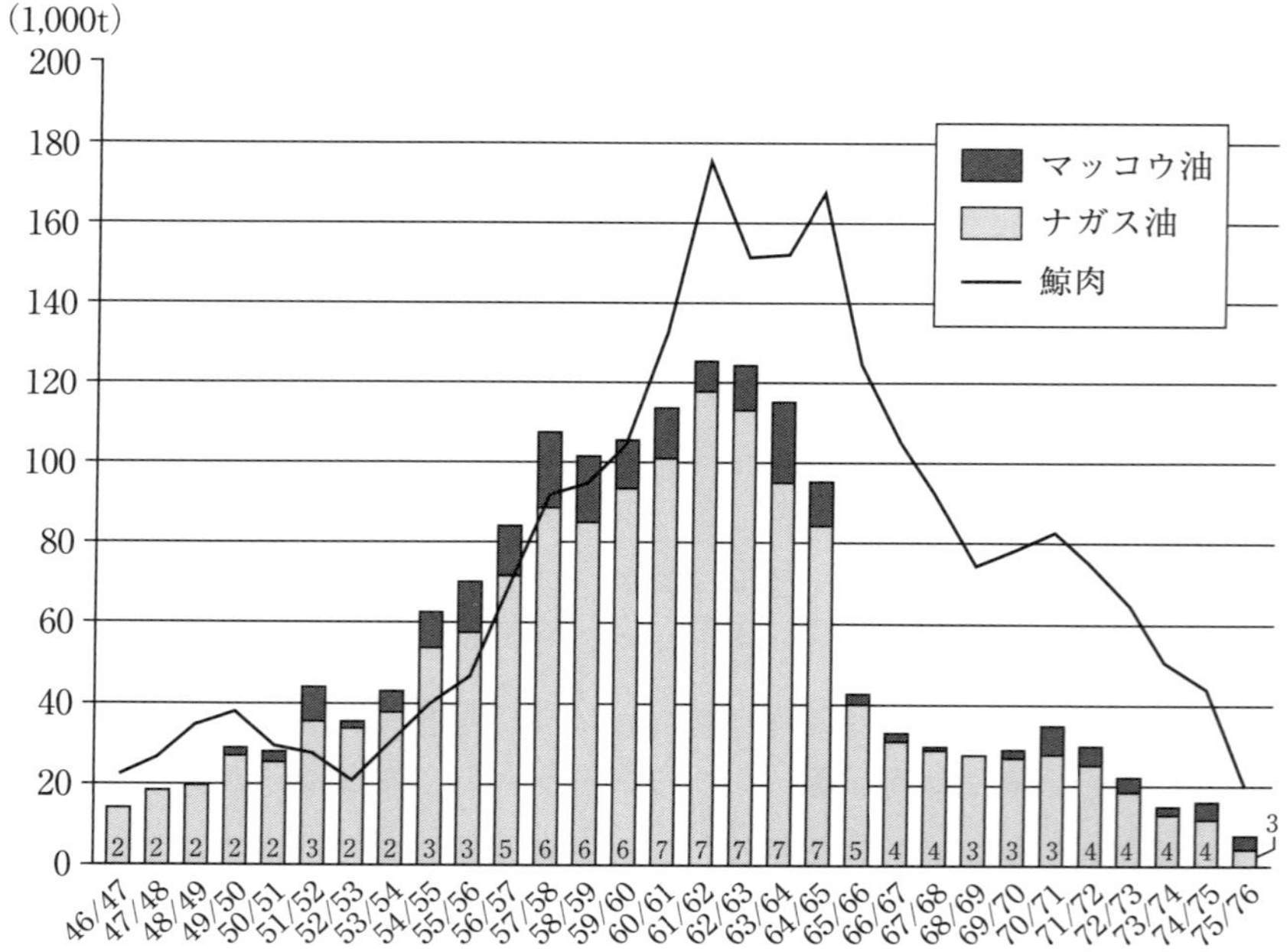

図41　日本の南鯨船団が生産した鯨油と鯨肉の生産量と船団数

（出典）　多藤省徳『捕鯨の歴史と資料』（水産社，1985年）をもとに筆者作成.

（注）　数字は各年の船団数.

拡大して、一九三八年（昭和一三）には五一〇〇トンにものぼるようになった。

こうしたハム・ソーセージの需要拡大をうけ、一九三五年（昭和一〇）頃、農林省水産講習所（東京水産大学の前身）は、カマボコの製造技術を応用し、夏期のマグロ類の値下がり対策としてプレスハム状のツナハムの試作に挑戦し、「魚肉ハム」は完成をみた。

しかし、日本独自といってよい魚肉ハム・ソーセージの本格的な商品化は、一九五二年以降のことであり、活発化したのは一九五四年のことであった。日本食文化史研究の第一人者である原田信男は、その契機について「（一九五四年三月一日の）アメリカによるビキニ環礁での水素爆弾の実験による被爆で、マグロの値段が暴落したことから、処分にこまったマグロを魚肉ソーセージに加工して売りだしたところ、爆発的な人気を博した。これを契機に魚肉ソーセージは驚異的な伸びを示しはじめた」としている（『和食と日本文化』二〇〇五年）。この原田の説明を裏づけるように、前年二二九トンにすぎなかった魚肉ソーセージの生産量は、第五福竜丸事件の年には一九九五トンと九倍に伸び、さらに翌年にはその五倍、その後も倍々ゲーム的に増大していった。当時の快進撃を伝える記事を見てみよう。

「商工界　魚肉ソーセージ　肉屋の領域へ」　肉屋の商売領域に魚屋が攻撃を仕掛けている。魚肉ソーセージの進出がそれ。春ごろからこの売行きがぐんぐん伸び出し、食品界での当り商品に数えられそうだという。／材料はマグロ、クジラで大洋、日本水産、日魯、日本冷蔵、極洋の大手筋五社が乗出したものだが、いまのところ月産八〇〇万本、このうち五〇〇万本が五社製品で秋風が吹きはじめるとともに一〇〇〇万本台にはねあがる見込み。／三〇匁～三五匁一本が三〇円～三五円というお手軽なところが受けたのだろう。（中略）肉屋の領域に食い込むだけならよかったが、このソーセージどうやらこのごろでは同業のカマボコをおびやかすまでになり、カマボコ屋の中には早くもソーセージへの転向組も現われている。最近魚肉ソーセージ組合が発足、大いに品質の向上につとめるという。〔『毎日新聞』一九五五年九月二四日、朝刊、四頁〕

第五福竜丸事件の翌年の報道ではあるものの、この短報には、原田の主張を裏づける情報が出揃っている。ビキニ環礁での水爆実験との関係性には言及してはいないが、①魚肉ソーセージのブレークが一九五五年の春あたりからであり、②材料に鮪類と鯨類をもちいており、③魚肉ソーセージの製造技術の根っこはカマボコ製造技術にある（ものの、すっかり「庇を貸して母屋を取られる」的な状況におちいりそうな）ことの三点である。

なお、尺貫法が匁《もんめ》（三・七五グラム）や貫《かん》（三・七五キログラム）からグラムやキログラムに切り替わったのは、一九五一年六月である。しかし、記事では慣用的な匁が使われているように、商取引での度量衡にメートル法の使用が法的に義務づけられたのは、一九五九年一月であった。まさに、この記事が書かれたのは、その過渡期であったわけだ。ちなみに三〇匁〜三五匁は、一一二・五〜一三一・二五グラムに相当する。常岡梅男さんのいうLソーセージだ。

たしかに魚肉ソーセージが一九五〇年代中頃以降に大ブレークしたことは、つぎの記事からもうかがえる。とはいえ、一九五八年の時点でも、新聞が購買指南をつとめねばならなかったということとは、それだけ消費者にとっても、まだ馴染みの薄い商品であったということでもある。

「今週の食品　魚肉ソーセージ　すばらしい売行」お節句も過ぎてそろそろ行楽シーズンだが、この二、三年魚肉ソーセージの売行きはすばらしい。去年の全国生産高は五四（昭和二九）年の一〇倍で約一〇〇〇万貫（三万七五〇〇トン）。五四年は畜肉ソーセージより五割少なかったのが、去年は逆に三倍近く多い。原料はたいてい南海物のクロカワカジキ（マグロの一種）で、刺身にむかないものが多く使われる。しかし、「魚肉ソーセージは冷蔵庫のない乾物屋で半年置いても腐らないように原料の鮮度は十分気をつけています」と東京銀座の魚肉ソーセージ協会は説明に一生懸命。魚肉をすりつぶし豚の脂身を一割、デンプン、香料などをまぜ、塩酸化ゴムの袋につめて八五度に熱して出来上る。「味のいいのはまず一月以内。最近は外側の袋に打抜き数字で製造年月日を入れている」とのこと。小売値は六大都市で三五匁三〇円、地方で三五円。最近都会の売行きが頭打ちなので〝タクアンの代わりにソーセージを〟と農村にも呼びかけている。[『朝日新聞』一九五八年三月四日、朝刊、四頁]

赤胴鈴之助の奮闘

一九五八年三月の時点で、すでに都市部での売行きがにぶっているとの前記報道は、しかし、杞憂であったようだ。この記事が書かれた年の生産量は五万三〇〇〇トンと、その後の成長からすれば、まだまだ序の口にすぎなかった。魚肉ソーセージの生産は、その後一九六一年に一〇万トンの大台に乗り、ピークの一九七二年には一八万八〇〇〇トンを記録する。実に一九五三年の八二〇倍、一九五四年の九四倍である。

「タクアンの代わりにソーセージを」というスローガンは傑作であるが、この大躍進の裏には、各社とも、学校で主婦をあつめた栄養教室を開催したり、デパートで展示即売会をおこなったりと、さまざまな販促活動があった。そんな魚肉ソーセージ宣伝の貢献に一役買ったのが、赤胴鈴之助である。

「くらし　魚肉ハムも安売り合戦へ」ご存じ赤胴鈴之助のTV、ラジオ宣伝などでおなじみの魚肉ハム、ソーセージに安売り合戦がはじまった。小売り一本三五円のソーセージ銘柄品が二七円前後でたたき売られているので業界でも手を焼いている。／も

図42　魚肉ソーセージの栄養を説く栄養教室
（昭和30年代，株式会社マルホ提供）

ともと魚肉ハムやソーセージはマグロ、クジラを利用し、畜肉物の三分の一の安値を売物にしたもの。昨年の全国生産量は三八〇〇〇万キログラム（三万八〇〇〇トン）と畜肉物に追いついた。ところが売れるにまかせて、T、N、Kなど大手水産会社や食肉物メーカーも製造を開始し、力に物をいわせる販売攻勢を展開。押しまくられた中小筋でかまぼこ屋に再転業できないメーカーが値下げで対抗。これが銘柄物まで連鎖反応をおよぼしたというわけ。／生産原価は原料に鮮度のよい魚を使ってソーセージ一本二六円五〇銭というのが業界の常識。〔『読売新聞』一九五八年六月二〇日、朝刊、四頁〕

「赤胴鈴之助」は、一九五四年から一九六〇年まで『少年画報』に掲載された人気漫画である。当時ラジオ東京と呼ばれていたＴＢＳが、一九五七年一月より連続ラジオ放送劇として、月曜日から土曜日の午後六時五分から二〇分間、放送した番組である（日曜日のみ五時四〇分開始）。そのスポンサーが「日の丸印の日本水産」だったわけである。当時を知る日水の関係者は、「赤胴鈴之助の番組がはじまると、銭湯から子どもが消えてしまう」といわれたぐらいに大ヒットしたという。赤胴の赤と魚肉ソーセージをつつむセロハンの赤の連想もあってか、鈴之助による魚肉ソーセージの宣伝は功を奏した。

サユリストには自明のことであろうし、話はやや脇にそれる。しかし、調査の過程で耳にした赤胴鈴之助に関するエピソードを紹介しておきたい。この連続放送劇が吉永小百合の芸能界デビューのきっかけとなったというのである。作中人物北辰一刀流の道場主、千葉周作の娘役のさゆりを、小学校五年生、六年生に限定して公募したところ、一三〇〇人を超える応募があった。オーディションを経てさゆり役に抜擢されたのが吉永小百合、しのぶ役が藤田弓子であった。そのテレビ版も一〇月からおなじくＴＢＳで制作され、吉永小百合と藤田弓子はそろって出演した。

テレビドラマ「赤胴鈴之助」が一九五九年三月に終了すると、四月から日水はこれまた『少年画報』で人気だった「まぼろし探偵」のテレビドラマのスポンサーとなった。その

図43　南氷洋産鯨肉の宣伝カー（昭和30年代，株式会社マルホ提供）

ときも、さくら役に吉永小百合、みち子役に藤田弓子が抜擢されている。このドラマの監督を、当時日活の助監督であった近藤竜太郎がつとめ、この縁で吉永小百合は、笹森礼子と南里磨実とともに日活の「パール・ライン」三人娘入りをはたし、一九六〇年五月一四日に公開された赤木圭一郎・浅丘ルリ子主演の「電光石火の男」を皮切りに大女優への道を歩んでいった。

一九五七年一二月三〇日の『読売新聞』（朝刊）は、「放送界ことしの歩み　赤胴ブーム巻起こす」と題した評論のなかで、「テレビのはなやかさに引替えて、ラジオはいまや必死で、旧態を脱しようとする意欲を見せ始めた今年、ラジオ東京のこの一月から始まった子供番組「赤胴鈴之助」は、漫画ブームに乗ったこの種の番組のナンバーワン。テレビでも映画でも描き得ない漫画の味がラジオという特殊性にいかされて大好評、よかれ悪しかれ「赤胴ブーム」いまなお尾を引いて根強い」と評論している。一九五三年にNHKと日本テレビが放送を開始し、一九五五年にはラジオ東京（TBS）もテレビ放送を開始したように、一九五七年に放送された「赤胴鈴之助」は、ラジオの生き残りを模索するものでもあった。その大ヒットとともに、魚肉ソーセージも売れに売れたわけだ。

なお、池田勉《いけだつとむ》さんと常岡梅男《つねおかうめお》さんが懐かしむように、一九六〇年には大洋ホエールズが日本シリーズで優勝すると、「店という店の棚からマルハの製品が消える」ほどに日本中がマルハ旋風に席巻された。

高度経済成長と鯨食

魚肉ソーセージは、一九五〇年代半ばに生産が本格化し、一九七〇年代初頭にピークを迎えて以降下降線をたどるものの、まさしく高度経済成長を象徴する食品であった。

それにしても、わたしたちの食に関する意識の向上は、製造者の想像をうわまわるスピードであったようである。『日本水産の七〇年』（一九八一年）によると、それまで全国販売数量で畜肉ハム・ソーセージをうわまっていた魚肉ハム・ソーセージが、一九六三年（昭和三八）頃に逆転しはじめたという。諸物価高騰の対応策として、生産各社が生産コストをさげるために品質を落とした結果、魚肉ソーセージのイメージがダウンしてしまったのである。この背景を、同書は、「生産者側も、製品のマンネリ化においいってしまい、消費者の生活水準の向上、嗜好の変化に追随しきれなかった怠慢があったことが指摘できるし、消費構造の変化がそれ以上に速かった」と自己分析している。

畜肉食に馴染みの薄い層に魚肉ハム・ソーセージが受容されていた事実をふまえ、原田信男は、「そうした人びとにとって、魚肉ソーセージは、まさしく魚ではなく肉として食され、魚肉から畜肉への転換を潜在的に支えた」と魚肉ハム・ソーセージの果たした役割を評価している（前掲『和食と日本文化』）。

たしかに魚肉ハム・ソーセージが畜肉消費への橋渡しをおこなったという仮説は興味深い。しかし、実際、その基軸的役目をになったのは、魚肉ではなく、鯨肉だったわけである。常岡さんがいうように魚肉ソーセージに三五％、魚肉ハムに三八％の鯨肉がふくまれていたとする。魚肉ハム・ソーセージの生産が一八万トンとピークに達した一九七二年、わたしたちは六万三〇〇〇トンから六万八〇〇〇トン程度の鯨肉を「見えない」形で消費していた計算になる。

しかし、そんな鯨肉を主原料とする魚肉ハム・ソーセージも、常岡さんが語るように、一九七六年に姿を消してしまった。直接的な確証は得られていないものの、これは、一九七六／七七年漁期からナガスクジラが捕獲禁止となったためだと思われる。というのも、このシーズンの南氷洋での日本の捕獲枠は、イワシクジラ一二三七頭、ミンククジラ三九五〇頭、マッコウクジラ雄二三八頭、雌六三頭にすぎなかったし、北洋においてもナガスクジラとイワシクジラが捕獲禁止となり、ニタリクジラ六八一頭とマッコウクジラの雄二二二三頭、雌一三二五頭の捕獲枠を与えられただけであり、捕獲枠が前年から大きく後退したからである（すでに一九七六年の鯨肉供給量は七万六〇〇〇トンと、一九五六年以来、実に二〇年ぶりに一〇万トンの大台を割っていた）。水産大手三社は、独自に捕鯨船団を南氷洋に派遣すると採算割れをおこすため、自社内の捕鯨部門を切り離し、国内の沿岸大型捕鯨会社三社と合同して日本共同捕鯨株式会社を設立したことは何度もふれた。

ＩＷＣは、一九七二／七三年漁期からＢＷＵ（シロナガス換算方式）と呼ばれた総量規制をやめ、鯨種別の捕獲枠を設定した。つぎの記事にもあるように当時許されていた鯨種のなかで最大のナガスクジラは、七二／七三年漁期一九五〇頭（うち日本の捕獲枠一一四二頭）、七三／七四年漁期一四五〇頭（同八六七頭）、七四／七五年漁期一〇〇〇頭（同五九八頭）、七五／七六年漁期二二〇頭（同一三二頭）と漸減していっており、捕獲枠ゼロという事態は、遅かれ早かれ到来が予想されていたことでもあった。

「鯨肉値上がり必至か　手痛いナガス規制　学校給食　頭かかえる関係者」　ロンドン

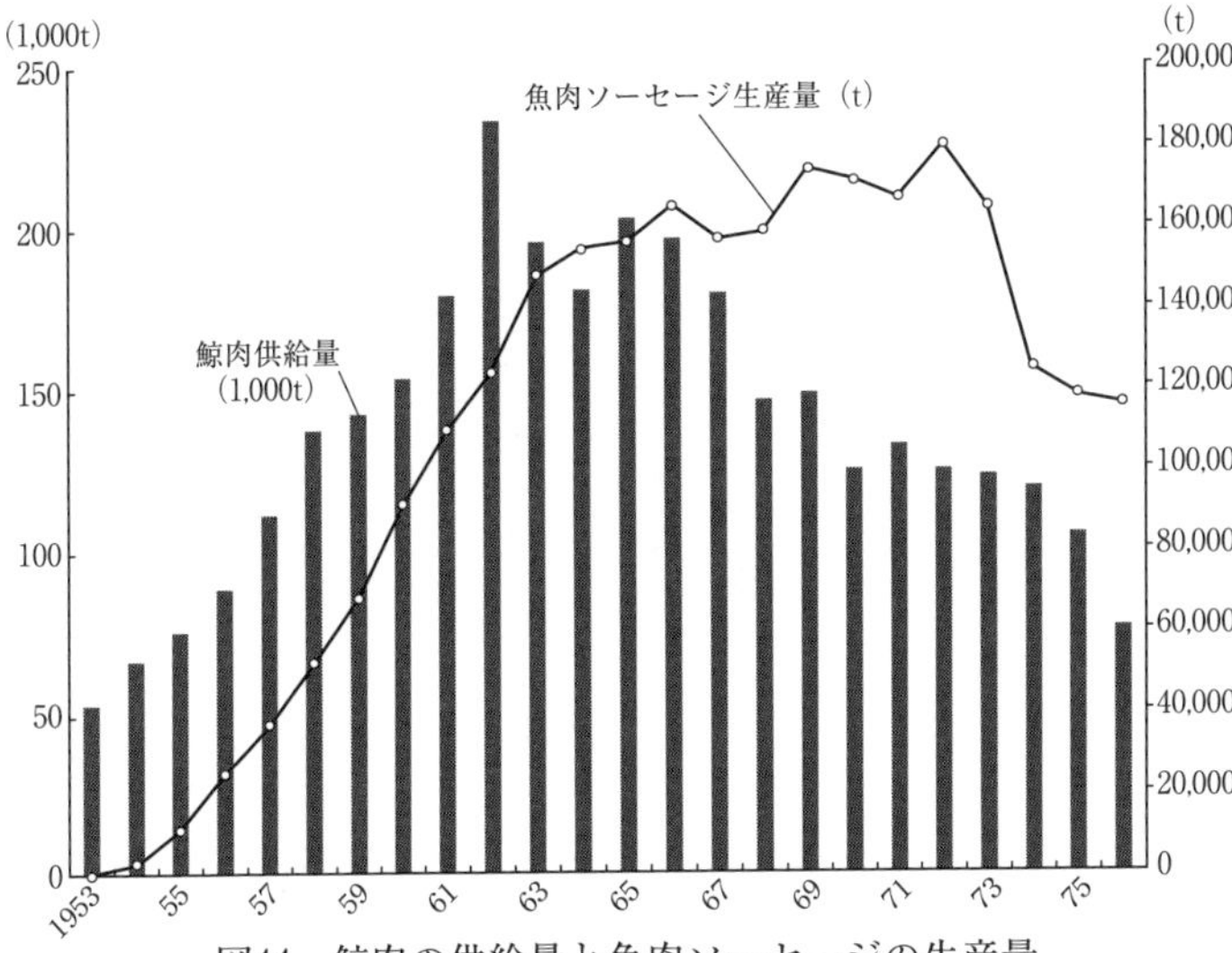

図44　鯨肉の供給量と魚肉ソーセージの生産量

（出典）『食料需給表』と日本缶詰びん詰レトルト食品協会魚肉ソーセージ部会資料をもとに筆者作成.

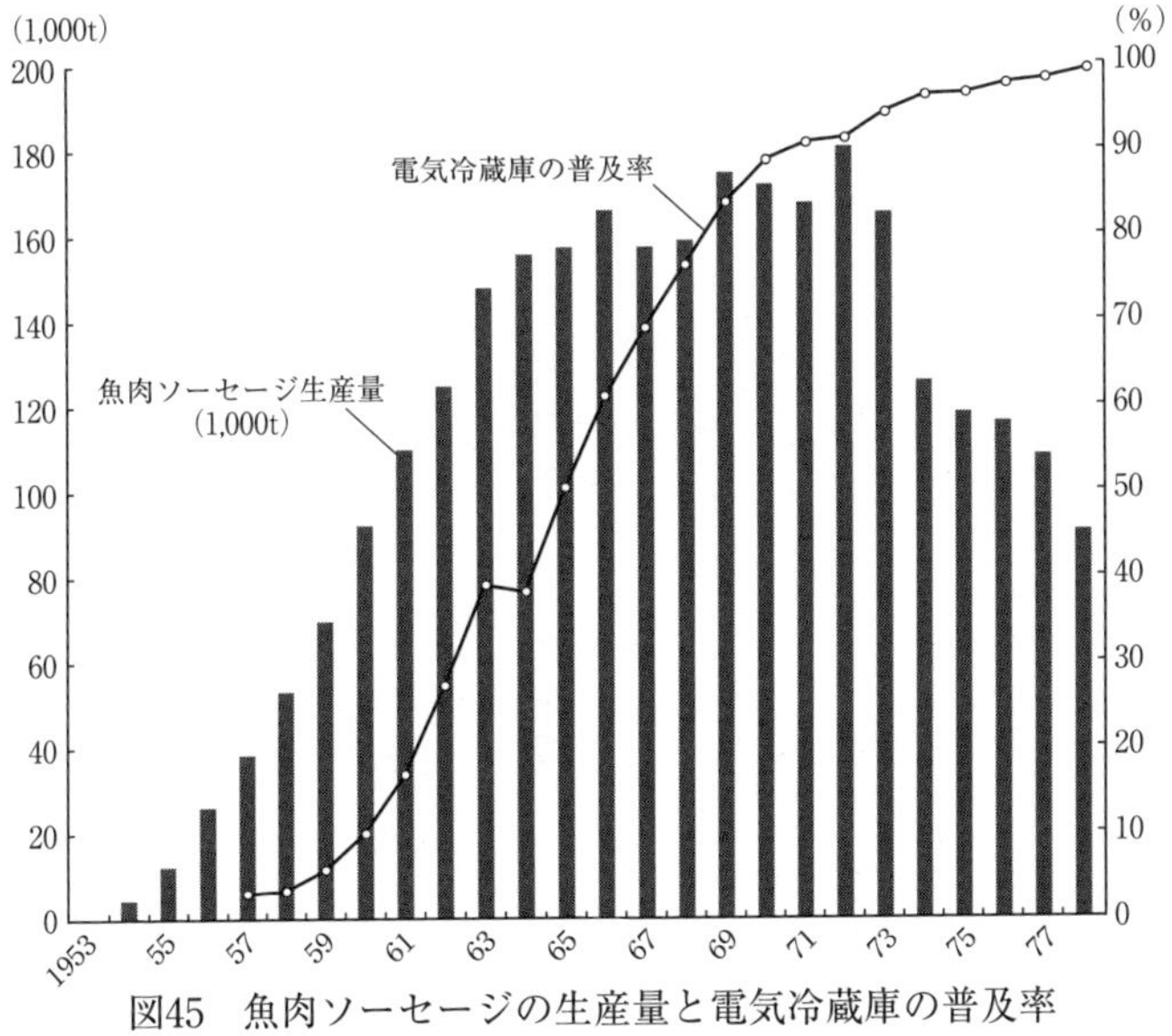

図45　魚肉ソーセージの生産量と電気冷蔵庫の普及率

（出典）『内閣府消費動向調査・主要耐久消費財普及率』と日本缶詰びん詰レトルト食品協会魚肉ソーセージ部会資料をもとに筆者作成.

で開かれている国際捕鯨委員会で向こう一年間のクジラの捕獲枠が決まり、わが国の捕鯨肉総量がことしの約二割減となることが明らかになった。再来年はこの枠がさらに半減することも予想され、世界一の捕鯨量を誇る日本の捕鯨業界はピンチ。最も安い鯨肉が今後値上がりして庶民の食卓から縁遠いものになる恐れもでてきた。／わが国の鯨肉の消費量は昨年一二万三〇〇〇トン。内訳は一般消費六万一五〇〇トン、ハム、ソーセージ、缶詰など加工食品に四万六五〇〇トン、学校給食一万五〇〇〇トンなどとなっている。国内食肉消費の六％に当たり上牛肉の値段の五分の一、豚肉の三分の一といった安い価格で庶民に供給されている。／日本捕鯨協会の調査によると鯨肉の年間消費量一二万三〇〇〇トンを他の動物たんぱく質で補おうとすると牛肉なら二二万トン、豚肉なら二九万トン必要。これは鯨肉のたんぱく含有量が多いためで、現在の国内食肉生産量の七六％、輸入量のざっと三倍に当たるという。（中略）捕鯨業界のショックが大きかったのは、総枠が減らされただけでなく、体の大きなナガス鯨が大幅に削減されたこと。ナガスは他の鯨種の二〜三倍あるので一頭当たりの肉量は多く、捕獲するコストは低い。捕獲枠が減るとそれだけ捕鯨費用がかさみ、値上がりするわけだ。（中略）／学校給食でもクジラを使っているが、文部省の調べによると、学校でクジラを食べる量は小学校で一日平均二・六グラム、中学校で四グラム、どちらもおかずの一％程度という。「クジラが給食に占める割合は年々減り、逆に安いニワトリが増える傾向にある。クジラが高くなったら他の肉へ切り替えるしかない」と学校給食課はいっている。しかし、昔からクジラ愛好家の多い九州など、給食にクジラを多く使っているところもあり、関係者は「困ったことになりました」と頭をかかえている。〔『毎日新聞』一九七四年六月二九日、朝刊、三頁〕

稀少資源化時代の鯨食文化——サエズリの伝播と鯨食のナショナル化

世界の捕鯨産業史を俯瞰した山下渉登は、全二巻本の大著『捕鯨』（二〇〇四年）で日本の南氷洋捕鯨を指し、「捕鯨場と食卓が遠くなり、しかも鯨肉の多くが食品産業の原料とされたために、江戸後期の『鯨肉《げいにく》調《ちょう》味方《みかた》』では、七〇種を数えた鯨料理も、そのうちわずかが残っているにすぎない。鯨を枯渇させただけではなく、われわれは現代捕鯨に移行する過程で、過去の捕鯨文化もいっしょに枯渇させてきたことを記憶にとどめておくべきである」と厳しい批判を展開している。

無形文化としての食文化

山下の指摘の前半に異論はない。しかし、「鯨食百科」とはいえ、『鯨肉調味方』は、国民国家の統合がなされていなかった封建時代に、肥前地域の鯨食慣行をあらわしたものであり、「国民文化としての鯨食文化」の目録化を目的とした著作ではなかったことに注意すべきである。また、すでに見たように、戦後の食生活の特徴は、油脂の大量消費にある（第一、鯨の竜田揚げは、『鯨肉調味方』には記されていない！）。しかも、食をふくむ生活様式全体が目まぐるしく変化しているなかで、鯨食文化だけに二〇〇年もむかしの様式の「完全保存」を要求することは勝手にすぎる。

そもそも、山下の想定する捕鯨文化は有形のものである。しかし、食文化の継承は、目で見える形ばかりとはかぎらない。無形文化、つまり「見えざる」継承もありうるのである。

サエズリ（鯨舌）にこだわる

鯨舌（サエズリ）は、『鯨肉調味方』で「サヤ」と記載され、「灰色で味はくどい。煎焼や野菜を取り合わせたすまし汁、熱湯に通して三杯酢をつけて食べるのがよい。塩漬けのものは、薄く切って水にさらして塩をだし、前述の食べ方と同じようにする」と低評価しか与えられていない。

本章第二節で確認したように、『鯨肉調味方』が「くどい」と評価するのは、たいていが脂分に富む部位であった。実際、長崎で鯨肉加工店を営む日野浩二によれば、鯨舌にふくまれる脂は上質で、南氷洋の捕鯨母船では、舌はほとんど採油にまわされていたらしい。

日野は、自身の回顧録『鯨と生きる』（二〇〇五年）において、当時、全国的に消費されることはなかった鯨舌が全国的に流通するようになった経緯を披露している。日野によれば、大西睦子《おおにしむつこ》さんが、テレビに出演し、「これは『サエズリ』っていいますねん。クジラの舌です」と発言したことが、「サエズリ」という響きのよさも手伝って、全国的にフィーバーする発端となったらしい。

大西さんによると、日野のいうテレビ出演とは、国際捕鯨委員会第四五回総会が京都で開催された一九九三年のことのようである。彼女のテレビ出演がサエズリという名称を全国的に喧伝する契機となったかもしれないが、サエもしくはサエズリは、大阪では一般的に使われていた名称でもあり、ハリハリ鍋とならびサエズリ煮といった煮ものが大阪を代表する鯨料理でもあった。

サエズリは、弾力性に富む、柔らかさが特徴的である。しかし、その一方で『鯨肉調味方』にも「灰色なり」とされているように、そのままではグロテスクな印象をあたえる部位でもある。そんなサエズリを見た目にも魅力的な食材にまで昇華させるのが料理人の腕とされる。だからこそ、大阪の鯨料理専門店の味として大西さんが、こだわりたい具材なのである。

高級化と大衆化

南氷洋での商業捕鯨が一時停止となり、一九八八年に調査捕鯨船が持ち帰った副産物（としての鯨肉）を購入するとき、大西さんは唖然としたという。サエズリの供給がほとんどなかったからである。今日、大阪では茹でて加工したサエズリの寿司も珍しくないし、沿岸捕鯨基地である鮎川（石巻市）周辺にルーツを持つ新宿の居酒屋、樽一では、サエズリの自家製スモークが人気でもある。こうした傾向は、入手しうる材料を丁寧に加工し、具材の価値をたかめる工夫でもあり、消費者の好みに対応する姿勢のあらわれでもある。仮に大西さんがいうように、鯨舌を愛でる食文化がかつては関西特有のものであったとしても、鯨肉の供給減にともなって全国的に広まり、現在ではサエズリ料理は各地で独自の進化をつづけている。この過程こそが、鯨を徹底的に利用しつくすという『鯨肉調味方』の精神の継承であり、無形文化としての不可視な性質といえるのではないだろうか。

わたしは、北九州市で鯨肉店を営む岡崎敏明《おかざきとしあき》さんと大西さんの語りを整理する過程で、おふたりには失礼ながらも、文化史的に面白い一面を垣間見たと確信している。「安くて、旨い」代表のミンククジラの赤肉中心でやってきた岡崎さんは、商業捕鯨が終焉をむかえることになった頃、それまでの経営戦略を大転換し、「高くて、珍しい」鯨の部位を高級料亭や寿司屋におろすことに活路をもとめようとした。しかも、時代はバブル経済期に突入しようという矢先のことであった。商品の仕入れがままならないことを憂い、魚屋への転業を検討している最中に、よりによって北九州市一番の百貨店から出店を要請され、悩みに悩んだすえの結論である。この戦略が大当たりであったことは、岡崎さんが語るとおりである。しかし、それはあくまでも結果論である。

他方、商業捕鯨の時代、長靴をはいて日参した市場で自分の好きな部位だけを仕入れていた大西さんは、調査捕鯨時代ともなると、自分の欲しいものだけを入手できなくなった。抱き合わせとして、自分が使ったことのない部位も利用せざるをえなくなった。少ない資源を、全国の同業者たちと分けあわなくてはならなかったからだ。したがって、彼女が「すそもん」と呼び、商業捕鯨時代には決して使うことのなかった「裾のもの」も使用せざるをえない状況に追い込まれてしまった。それは、舌の根っこの部分であったり、尾の身の端っこの部分であったりした。その境遇に際し、彼女は研究を重ね、それらの「すそもん」を有効活用できるようなレシピを開発していった。

それまでの大衆志向から高級志向へとベクトルを転向した岡崎さんの戦略転換とはことなり、尾の身のハリハリ鍋を看板に高級志向路線を突っ走っていた大西さんは、あらためて大衆志向路線を模索せざるをえないことになったのである。しかも、常連さんが、日本全国の鯨料理を紹介してくれる以上、大阪の味だけに固執しているわけにもいかない。第一、大西さんが大切にしているハリハリ鍋やサエズリ煮、コロおでんなどの大阪の味は、「安すぅて、美味しい」庶民の味そのものなのであった。商業捕鯨から調査捕鯨への移行は、大西さんにとって原点回帰ともいえる再出発を意味していた。

日本の鯨食文化の歴史を俯瞰したとき、調査捕鯨がもたらした意義は決して小さくはない。それは、「調査捕鯨によって、鯨食文化が存続しえた」といった低レベルのものではない。それぞれの地域で食されてきた鯨料理が全国化するようになったからだ。戦前の節約時代、鯨肉はなにかの代用にすぎなかった。それは、すでに畜肉の味を知っていた都市住民（あるいは軍隊）のためのものであったといってよい。戦後の食糧難の時代、鯨肉はそれしか頼るべきもののない、飢えを回避するための生存食であった。わたしの両親世代は、みなが鯨肉で命をつないだようなものだった。肉だけではなく、鯨油製のマーガリンにも世話になった。戦後復興期から高度成長期にかけては、魚肉ハム・ソーセージに練りこまれた不可視の鯨肉という形で、わたしたちは無意識に鯨を消費していた。

ローカルからナショナルへ

代用品としての鯨肉にしろ、単なる飢えをまぎらわすための鯨肉にしろ、練りものとしての鯨肉にしろ、所詮は短命な存在でしかありえなかった。しかし、もともとの「伝統」的な鯨食文化は、ハリハリ鍋にしろ、サエズリ煮にしろ、コロおでんにしろ、これには代用品がない。いずれも鯨肉の特徴を見極めて発展してきた料理だからである。いわゆる白《しろ》手物《てもの》も同様である。国産・輸入ものを問わず、本物のベーコンが入手できるのに、わざわざ高価な鯨ベーコンを欲っするのは何故なのか？　百尋と呼ばれる腸に惹かれるのは何故なのか？　それは、ほかでは代用できないためである。

こうした鯨食文化は、もともとは地域内で発展し、地域で継承されてきたものであった。ところが、メディアの力で、突然、サエズリ煮のように、全国化するものが登場することとなる。ハリハリ鍋も同様である。岡崎さんの奥さんが、徳家《とくや》さんのハリハリ鍋を参考にして「旦過市場《たんがいちば》ハリハリ鍋」セットを考案し、それが北九州市の百貨店で好評を博し、北九州市の「郷土料理」に数えられるようになったことも、地域の鯨食が全国化をはたした一事例である。もちろん、さきに紹介した新宿の樽一さんも、今日、ハリハリ鍋を提供している。

この過程は、つぎのように考えることができる。鯨肉資源が稀少化するにつれ、それぞれの部位の有効利用策を人びとは考案せざるをえなくなった。すると、必然的に各地方の名物料理が研究されることになる。もちろん、『徳家秘伝　鯨料理の本』も参照されたであろう。そして、その過程で帰るべき原点は、『鯨肉調味方』に代表される、かつての地域食豊かな鯨食文化でもあったはずである。そうした研究開発の結果、津々浦々に継承されてきた鯨料理が全国各地に伝播していった。それらが、樽一のサエズリのスモークなどのように、あらたな食文化を築きつつあるのだ。たとえ消費される量は少なくとも、この現象とプロセスの連鎖こそが、「鯨食文化の国民化」だし、『鯨肉調味方』の精神の継承と発展だ、とわたしは考えている。

「伝統」だとか、「文化」だとかは、アイデンティティやナショナリズムに直結する問題でもあるので、ときとして冷静な議論がむずかしい。量を問題とする人もいるだろう。たかだかひとりあたり年間三三グラムの鯨肉しか消費しないレベルで「伝統」といえるのか、と。

しかし、考えてみてほしい。日本の伝統文化の筆頭にあげられる茶道をたしなむ人口は、いったいどれほどなのであろうか？　一説では茶道人口は三二〇万人ほどであるらしい。人口一億二〇〇〇万の二・七％である。この数字の評価は千差万別であろう。わたしは、茶道のたしなみもないうえ、ゆっくりとお茶を飲む時間がないほどにバタバタを繰りかえし、お茶といえば、ペットボトルからガブ飲みするだけのプアな生活をおくっている。だが、だからといって、茶の湯が日本の伝統であることを否定はしない。むしろ、千利休以来の歴史を誇りに思っている。いつの日か、引退して時間的・精神的余裕ができたら、茶の湯の世界を覗いてみたいとも考えている。

鯨食のケースも、同様ではないだろうか？　量ではなく、さまざまな選択肢がのこされていること、その選択肢には、江戸時代以来の目に見えない伝統的知識や技術が継承されていること、こうした無形文化を将来につなごうとする創造性に富む人びとがいること、そのことが肝要なのである。

クジラもオランウータンも？——エピローグ

以上、本書では、日本の南氷洋捕鯨（南鯨）に関し、①戦前は鯨油生産を中心とするものであり、②戦後は肉と油の生産が並行したとはいえ、③一九六〇年代なかばまでは鯨油生産もさかんであり、④捕獲可能な鯨種に制限が加わる過程で、もっぱら鯨肉生産に軸足が置かれるようになったことを明らかにした。そして鯨の消費形態については、⑤全国的に鯨肉が「見える」形で消費されたのは戦後の食糧難の時代のことにすぎないものの、⑥マーガリンと魚肉ハム・ソーセージという商品を通じて、わたしたちは大量の「見えない」クジラを無意識に消費していたことを指摘した。

マーガリンと魚肉ハム・ソーセージの変化は、「冷蔵庫」の普及を抜きにして語ることはできない。マーガリンの主原料が鯨油から植物性原料へと転換したのは、冷蔵庫から取りだした際のボロボロ感を脱し、ソフトななめらかさを希求してのことであった。また、常温でも三ヵ月は保存できる魚肉ハム・ソーセージの人気に陰りがでてきた一因は、冷蔵庫の普及によって本物のハム・ソーセージの消費が促進されたことにあった。現在では、各戸に二台あるのもめずらしくない冷蔵庫であるが、かつて自宅に冷蔵庫がやってきたとき、「薬罐ごと冷やした水の『冷たさ』に驚嘆した」という回顧談を聞いたことを思いだす（『クジラを食べていたころ』、二〇一一年）。

そんなささやかな幸せも、あえて指摘されないと気づかないほどに、わたしのたちの生活は過不足ないものとなっている。冷たさの追求にかぎらず、多様化するニーズに応えるべく、さまざまな技術革新が繰りかえされてきたのが、人類の歴史であり、そのことは否定されるべきものではない。

しかし、こうして鯨人《くじらびと》の聞き書きを整理してみると、利便性の陰で失ったものも多々あることに気づかされる。そのひとつが、旦過市場《たんがいちば》の岡崎敏明さんがいう、「プロの技」である。経営に効率化と規格化を追求するスーパーは、七〇ちかくもある部位を持つ鯨肉を厭うとともに、鯨肉の筋や接ぎを外す作業を敬遠しがちである。わたしたちが鯨肉から遠ざかってきた背景には、効率化と規格化をよしとする見えない壁がそびえている。

本書ではその記述のほとんどが南氷洋での母船式捕鯨についやされ、沿岸捕鯨についてはほとんど皆無であった点など、課題が山積していることも承知している（沿岸捕鯨については、追込網漁や突き棒漁とともにいずれ論じてみたい）。そんな課題群のひとつ――鯨油の代替品――について、のこりの紙幅を利用して考えてみたい。

おおざっぱな見立てにすぎないものの、世界の油脂事情を俯瞰するかぎり、一九六〇年代以降に次第に姿を消していった鯨油を代替したものは、ダイズから採れる大豆油とアブラヤシから採れるパーム油である。非食用の工業製品には、もちろん、石油も利用された。しかし、石油は、一九七〇年代に二度も生じた石油ショックを契機として、価格が高騰したし、供給が不安定となった。こうしたことから、現在、植物油への依存が高まっているのである。

二〇一二年に世界で生産されたパーム油は五五九五万トンで、植物油生産量の三六%を占め、植物油で第一位の生産量を誇っている。第二位は大豆油の四二一四万トンで、この二つで世界の植物油生産の六三%を占めている。

廉価で日もちのよいパーム油は、インスタント麵やファーストフード、ポテトチップスの揚げ油、マーガリンなど、お菓子やレトルト食品に使用されることがおおく、植物油と食品表示があるものは、そのほとんどがパーム油だと考えてよい。パーム油は生産のおよ

図46　アブラヤシのプランテーション（マレーシア，サバ州，2016年4月）．海側に見えるのはエビの養殖池

図47　更新中のアブラヤシのプランテーション（同上）

そ八割が食用にもちいられるものの、非食用として石鹼・洗剤、潤滑油、化粧品の原料となるほか、塗料にも使用されている。さらに近年では、石油への依存度を少なくするためのバイオ燃料の原料としても期待があつまっている。ダイズやナタネなどほかの油脂植物は単年草で、それだけ天候リスクが高くなるが、樹木であるアブラヤシは、気候変動に左右されることもなく、生産が安定しており、単位面積あたりの収穫量も抜群だからである。しかも、遺伝子組換え問題をともなうダイズとことなり、遺伝子組換えとは無関係のパーム油需要の高まりは、今後も継続することが予想される。

たしかにパーム油は、よいことづくしのように感じられる。しかし、視点を変えれば、別の問題が浮きあがってくる。それはアブラヤシの生態そのものに起因している。アブラヤシの果実には、油脂を分解するリパーゼという酵素がふくまれている。そのため、果実が傷つけられたり、押しつぶされたりすると、油脂とリパーゼが反応し、油脂の分解が急速に進み、腐ってしまう。したがって、果実の収穫から集荷・搾油までの工程を二四時間以内におこなう必要がある。これが、アブラヤシのプランテーションと搾油工場がセットで建設される所以《ゆえん》である。採算ラインは最低でも四〇〇〇ヘクタールとされるが、実際には、作付面積が一万〜一万五〇〇〇ヘクタールとなることもめずらしくない。

四〇〇〇ヘクタールは、甲子園球場のほぼ一〇〇個分に相当する。これだけでも、その大きさをイメージしがたいのに一万五〇〇〇ヘクタールともなれば、その四倍近い面積である。しかも、こうした数字は、あくまでも各農園単位のものにすぎず、実際には相互に隣接して開発されるため、空からみれば、何十万ヘクタールという面積がアブラヤシで覆われることになる。

これだけ広大な土地をいかに確保するか？ 事実、パーム油は、インドネシアが五〇％、マレーシアが三五％を占め、両国で世界の生産量の八五％を占めている。アフリカ原産のアブラヤシが、インドネシアとマレーシアで注目されるのは、アフリカ諸国にくらべて政治的に安定していることと、アブラヤシが熱帯多雨林の伐採跡地利用に適した油脂植物だったからである。両国でアブラヤシの生産が本格化するのは、まさに商業伐採が進んだ一九七〇年代以降のことである。

生物多様性のゆたかな熱帯地域では、単位面積あたりの種数はおおいものの、逆に単一種の量は少ないのが特徴である。通常、商業材として伐採されるフタバガキ科の樹種は、一ヘクタールあたり四～五本しか存在しない。したがって、それらの有用樹種を搬出したあととはいえ、そうした森は、素人眼にはジャングルそのものに見える。だが、そうした伐採跡地の商業価値はゼロである。だから、その空間は、アブラヤシ・プランテーションとして再生されることになる。

しかし、困ったことに、現在、アブラヤシの植えつけが進む、ボルネオ島とスマトラ島には、オランウータンが生息している。いや、オランウータンは、この両島にしか生息していない。オランウータンの生息地は、人類未踏の原生林にかぎらない。たとえ伐採跡地であろうとも、そこに「森」があるかぎり、オランウータンは生存できる。したがって、経済価値を失った伐採跡地がプランテーションに転換されれば、それだけオランウータンの生息地は狭まることになる。

このシナリオが正しいとするならば、残念ながら、オランウータンの保護はむずかしいといわざるをえない。ましてや、オランウータンの場合は、二重の悲劇でもある。「クジラを守る」という行為が、まわりまわって、アブラヤシ・プランテーションの拡大を刺激し、その結果、これまた環境保護のアイコンたるオランウータンの生息環境を脅かしているからである。

では、パーム油をやめ、大豆油を利用すれば、問題は解決するのであろうか？　ことは、そう単純ではない。二〇一三年、大豆油生産の第一位は米国で九一〇万トン、以下、第二位のブラジルが七二〇万トン、第三位のアルゼンチンが六七〇万トンとつづく。大豆はアジアを中心に豆腐や納豆、醬油など食用とされてきた植物であるが（枝豆も！）、世界的には油脂原料としての位置づけられており、近年ではアマゾンの開拓が問題視されている。

図48　オランウータンを森に帰すためのリハビリテーション施設
（マレーシア，サバ州，セビロック，2013年11月）

本書ではマーガリンを中心に議論したが、わたしたちが消費する油脂は、なにもマーガリンにかぎらない。インスタント麺や、カカオバターの代用品、ラクトアイスなど、「見えない」消費も随分とある。食用以外の石鹸も、洗剤も油脂製品である。スコーズビーの時代以来、鯨油（マッコウ油）が、液体洗剤や洗剤の原料であったことを想起してもらいたい。今日、わたしたちの生活は油脂なしにはなしえない。だが、こうしたわたしたち自身の生活様式こそが、「クジラも、オランウータンも」のみならず、アマゾンの原生林までも、その存続を危なかしいものにしているという現実を知る必要がある。

「クジラを救えずして、地球は救えな

い」(Save the Whales) は、「かけがえのない地球」(Only One Earth) や「宇宙船地球号」(Spaceship Earth) とともに、一九七〇年代に喧伝された地球環境保護のキャッチコピーである。その際、非難の対象となったのは、南氷洋で母船式捕鯨をおこなっていたソ連と日本であった。しかし、今日、パーム油や大豆油の恩恵をうけるのは、捕鯨国・非捕鯨国を問わず、わたしたち全人類である。黒か白かの二項対立を先鋭化する「わかりやすい」環境保護運動は、みずからの運動によって、その戦略の練りなおしをせまられているといえないか？

　鯨類の乱獲は、たしかに問題である。それはアマゾンやボルネオの森を破壊し、生物多様性を脅かすのと同様、糾弾されてしかるべきである。南氷洋というグローバル・コモンズの利用も同様だ。逆説的であるが、だからこそ、わたしたちは歴史と対峙し、その過ちを繰りかえさないように科学調査を積みあげ、持続可能なレベルで厳格に管理された鯨類の利用を推進すべきなのではないだろうか？　それは、決して「蛮行」なのではなく、「かぎりある地球でわたしたちが生きる」術のひとつなのである。

　「食足りている」いまこそ、好みのライフスタイルを享受できる陰で生じていることに眼をむけてみよう。瞬時に問題を解決してくれる魔法の杖など、残念ながら存在しない。「誰か」が解決してくれるのを待つのではない。わたしたちがなすべきことは、さまざまな「現場」をおとずれ、そこで葛藤する人びとの声に耳をかたむけ、多様な「現場」と「現場」の関係性を理解することだ。そのうえで、複雑に絡みあう因果関係のひとつでも断ち切るべく、どのように行動すべきかをみずから判断し、できることから実践していくだけである。

あとがき――謝辞にかえて

「類書のない捕鯨の本を書いてください」

吉川弘文館編集部の伊藤俊之さんから依頼をうけたのは、二〇一四年四月初旬のことだった。大学を異動した直後のことで、研究室は段ボールとチリだらけ。落ちついて思考などできる環境ではなかった。南氷洋における日本の調査捕鯨に関し、国際司法裁判所（ICJ）が停止命令を出したばかりでもあり、なにかと「捕鯨」が注目されている時期でもあった。

せっかくの縁である。ひきうけることにした。漠然ながらも「個人史に着目すれば、捕鯨を多面的にとらえることができる」と踏んでのことだった。しかし、他方で懸念もあった。個人史を編むには、人生を語ってくれる人びとを募らなくてはならない。プライバシーをさらけだしてまで、自身の経験を語ってくれるだろうか？　杞憂におわったものの、関係者がインタビューに応じてくれるかどうか確信をもてなかった。以下、わたしが六名の鯨人《くじらびと》と出会った経緯を簡単に記しておきたい。それは、語り手と聞き手の関係性を物語るものでもあり、本書の信憑性にもかかわるからである。

この企画が具現化する以前から、お話をうかがってみたい砲手さんがいた。それが和泉節夫さんである。というのも、和泉さんは、わたしが捕鯨に関心をいだくきっかけとなった映画、『鯨捕りの海』（一九九八年）の主人公だったのである。面識はなかったものの、鮎川在住ということは聞いていたので、震災後の安否も気がかりであった。幸運にも地域捕鯨推進協会の下道吉一会長が紹介くださり、和泉さんを訪問することができた。二〇一四年七月初旬のことで、それが本書執筆の記念すべきキックオフとなった。

つぎは常岡梅男さんである。わたしは、かつて魚肉ソーセージに関する論文を発表したことがある。しかし、そのときは文献を中心に執筆せざるをえなかった。というのも、当事者をさがす伝手をもっていなかったからであった。だが、偶然にも貴重な語り部がいることがわかったのだ。二〇一四年一〇月に下関市立大学で開催された第七回鯨資料室シンポジウム「下関の鯨産業を辿る」において、常岡さんがパネリストとして登壇したことをネットで発見したのである。早速、下関くじら食文化を守る会の和仁皓明会長に連絡し、同氏を紹介いただいた。

奥海良悦さんとの出会いも劇的だった。共同船舶の伊藤誠社長（当時）に、「解剖の名手を紹介してください」とお願いし、紹介いただいたのが奥海さんであった。訪問したのっけから、いきなり奥海邸に泊まり込み、お酒と鯨肉をご馳走になりながら、ひたすら話を聞かせてもらったのが二〇一五年三月末のことである。

南氷洋捕鯨に出稼ぎ者が多かったことは、それまでも耳にしていた。しかし、その概要をまとめて知ることができたのは、佐藤金勇氏がまとめた『聞き書　南氷洋出稼ぎ捕鯨』（一九九八年）においてであった。このなかに池田勉さんも「母船の大工長」と題して登場している。池田さんが現在、刈和野大綱引き保存会の顧問をされている関係で、国際教養大学（秋田県）に勤める友人・椙本歩美さんが連絡先を見つけてくれ、池田さんとのアポをとってくれた。池田さんと一緒に南氷洋に出かけた本間成雄さんと斎藤博さんの経験もいずれまとめてみたい。

本書に協力いただいた六名の鯨人のうち、すでに面識があったのは、徳家の大西睦子さんと旦過市場の岡崎敏明さんだけであった。大西さんは、魚肉ソーセージの論文を書いた際に唯一インタビューした方だった。ほぼ五年ぶりに再インタビューとなったわけだ。岡崎さんとは、旅の途中で訪問した旦過市場で立ち話をしたのがきっかけである。その後も、チョコチョコと仕事場を訪問しては、教えを請うている。

六名のインタビューに費やした時間は、三〇時間である。そのうち奥海さんだけが十一時間で、残りの五名には、三〜四時間ずつおつきあいいただいた。いずれの話者にも少なくとも二回はインタビューした。インタビューは二〇一四年七月から二〇一六年三月まで断続的におこなったが、本文中の年齢や今年といった叙述は、二〇一五年を基準としている。

インタビューを一語ずつ逐語的に文字に書き起こしたものをトランスクリプト、その作業をベタ起こしと呼ぶ。ベタ起こしは、一時間分の録音記録を起こすのに六時間はかかる、根気と体力を要する作業である。

大分県生まれのわたしは、岡崎さんや常岡さんのことばを、ネイティブ・スピーカーなみにあやつることができる。だからインタビューも、自然と方言の度合いがつよくなった。トランスクリプトを確認した常岡さんが、「こげぇ、方言でしゃべったんじゃろうか？」といぶかったほどである。他方、奥海さんと池田さんのベタ起こしには泣かされた。まったく音がとれないのである。可能なかぎり、わたしが聞きとった音に忠実に再構成したとはいえ、東北ことばに精通している読者には奇異に感じられる箇所もあるかと思う。

本稿はトランスクリプトを抜き書きして編集したものであるが、その際、文脈の前後をわたしが補った（創作した）ところもある。したがって、聞き書きは、語りそのものではない。そんな大胆なことが可能となるのは、語り手の人生のすべてとはいわずとも、「語られた世界」に沈潜できたと確信するからである。それは、ベタ起こしあっての境地といえる。とはいえ、わたしの独善をさけるため、どの原稿も、入校する前に最終稿を確認してもらっている。その意味では、第一章と第二章は語り手とわたしの共同作品である。

類書ない本に仕上がったかどうか、心許ないかぎりではある。しかし、わたし自身、苦しみつつも、調査と執筆を楽しむことができた。それらは、本研究を支えてくれた人びとのおかげである。日本鯨類研究所と同所の久場朋子さん、日本捕鯨協会の吉村清和さん、自然資源保全協会（GGT）の宮本俊和さん、太地町歴史資料室の櫻井敬人さんには、関係する情報や資料を多数、提供いただいた。おなじく太地町の小濱拓也さんと土山正樹さんには、突き棒漁と追込み漁についてご教示いただいた。熊本市で鯨肉加工をいとなむ株式会社マルホの本田司社長には、鯨肉加工の詳細はもとより熊本市内の捕鯨関係者を多数ご紹介いただいた。かつての教え子である柴田沙緒莉さんは、現在、地元の岐阜県で「聞き書き」を軸にまちづくりを模索しているが、地域おこし協力隊の仕事の合間をぬって、語りの校正をしてくれた。脱稿後ではあったものの、東北歴史博物館（宮城県多賀城市）の特別展「日本人とクジラ」を閲覧できたことで、イメージゆたかに校正をすすめることができた。構想力はもちろんのこと、展示を企画された菊地逸夫さんの資料収集にそそぐ情熱と執念があってのすばらしい展示であった。

捕鯨研究の経験が浅いわたしにとって、森田勝昭先生の『鯨と捕鯨の文化史』は、まさにバイブル的存在である。歴史文化ライブラリーの一冊として出版される本書では、シリーズの約束事があり、いちいち出典を示すことができなかったが、本書の随所に森田先生から学ばせていただいたことが散りばめられている。現在、甲南女子大学長という要職にある森田先生とは、ほとんどお目にかかる機会がないものの、お会いするたびに励ましていただけることを幸せに思っている。同様に日本食文化史研究の第一人者・原田信男先生の著作にも、おおくを教えられてきた。原田先生が二〇一四年七月に東京大学大学院農学生命研究科でおこなった集中講義「日本における食料の生産と消費の歴史」に部分的ながらも参加できたことは、講義を通して原田先生の学風にふれることができ、恭悦のいたりであった。おなじく食文化研究者の高正晴子先生からは、『鯨料理の文化史』を通して貴重な情報を与えていただいた。高正先生と共同研究をされたケンショク「食」資料室長の吉積二三男さんには、食文化に関する氏の豊富な知識をさずけていただくばかりか、本書で引用した『戦時家庭経済料理』、『第一艦隊献立調理特別努力週間献立集』、『鯨読本』などを貸していただいた。資料の充実度といい、気前のよさといい、同資料室は、喰い道楽・大阪にふさわしい存在だ。

水産庁資源管理部国際課漁業交渉官の諸貫秀樹さんには、氏がワシントン条約担当班長であったときから、おりにふれ水産行政と国際交渉の機微についてご教示いただいてきた。国際条約会議における、「クジラ、マグロ、サメの区別なく、オール水産でいきましょう」との、諸貫さんのチャーミングな包容力からは、国際交渉における人間味について考えさせられている。

執筆が滞ったとき、いつも訊き役にまわってくれた妻晶子には、心から感謝している。彼女のちょっとした一言がきっかけで壁を突破できたことは少なくない。お土産に持ち帰った鯨肉をまたたくまに喰いつくす、息子の渉と陸からは、鯨食普及の可能性を確信させられ、勇気づけられている。この場を借りて、友人と先生、家族に「ありがとう」を伝えたい。

本研究は、以下の六つの日本学術振興会・科学研究費補助金により可能となった。わたしが代表をつとめる①「生物資源のエコ・アイコン化と生態資源の観光資源化をめぐるポリティクス」(25283008)、②「近代産業遺産としての捕鯨の記憶――捕鯨問題と文化多様性」(25570010)、③「「フロンティア社会論」再考――北洋漁業における季節労働者の個人史に着目して」(16K13121)と、山田勇先生(京都大学)が代表をつとめる④「ユーラシア大陸辺境域とアジア海域の生態資源をめぐるエコポリティクスの地域間比較」(23251004)、⑤「アジア海域からユーラシア内陸部にかけての生態資源の攪乱と保全をめぐる地域動態比較」（16H02715）、岸上伸啓先生（国立民族学博物館）が代表をつとめる⑥「グローバル化時代の捕鯨文化に関する人類学的研究——伝統継承と反捕鯨運動の相克」（15H02617）である。

最後に、本書の完成を心持ちにしてくれている鯨人六名にあらためてお礼もうしあげたい。ありがとうございました。

二〇一六年一二月

赤嶺　淳

参考文献

赤嶺　淳、二〇一二、「食文化継承の不可視性——希少価値化時代の鯨食文化」、岸上伸啓編、『捕鯨の文化人類学』、二〇七—二二四頁、成山堂書店
赤嶺淳編、二〇一一、『クジラを食べていたころ——聞き書き　高度経済成長期の食とくらし』、グローバル社会を歩く①、グローバル社会を歩く研究会
石毛直道、一九八九、「昭和の食——食の革命期」、石毛直道・小松左京・豊川裕之編、『昭和の食——食の文化シンポジウム'89』、九—三八頁、ドメス出版
板橋守邦、一九八七、『南氷洋捕鯨史』、中公新書八四二、中央公論社
板橋守邦、一九八九、『北の捕鯨記』、道新選書一四、北海道新聞社
伊馬春部訳、二〇一四、『現代語訳　東海道中膝栗毛（下）』、岩波現代文庫・文芸二四三、岩波書店
江原絢子・石川尚子・東四柳祥子、二〇〇九、『日本食物史』、吉川弘文館
大隅清治、二〇〇八、『クジラを追って半世紀——新捕鯨時代への提言』、成山堂
大隅清治監修、笠松不二男・宮下富夫・吉岡基、二〇〇九、『新版　鯨とイルカのフィールドガイド』、東京大学出版会
大西睦子、一九九五、『徳家秘伝　鯨料理の本』、講談社
大曲佳世、二〇〇三、「鯨類資源の利用と管理をめぐる国際的対立」、岸上伸啓編、『海洋資源の利用と

管理に関する人類学的研究』(国立民族学博物館調査報告四六)、四一九―四五二頁、国立民族学博物館
小野征一郎、一九九〇、『起死海生――これからの魚はるかな鯨』、<食>の昭和史三　魚・鯨、日本経済評論社
加治佐敬、一九九六、「アブラヤシ生産とマレーシア」、鶴見良行・宮内泰介編、『ヤシの実のアジア学』、二五八―二八〇頁、コモンズ
加藤秀弘・大隅清治編、二〇〇六、『鯨類生態学読本』、生物研究社
岸上伸啓編、二〇一二、『捕鯨の文化人類学』、成山堂書店
岸本充弘、二〇〇六、『関門鯨産業文化史』、海鳥社
極洋捕鯨株式会社編、一九六八、『極洋捕鯨三〇年史』、極洋捕鯨株式会社
小島孝夫編、二〇〇九、『クジラと日本人の物語――沿岸捕鯨再考』、東京書店
駒村吉重、二〇〇八、『煙る鯨影』、小学館
近藤　勲、二〇〇一、『日本沿岸捕鯨の興亡』、山洋社
坂元茂樹、二〇一四、「日本からみた南極捕鯨事件判決の射程」、『国際問題』六二六、六―一九頁
桜本和美・加藤秀弘・田中昌一編、一九九一、『鯨類資源の研究と管理』、恒星社厚生閣
佐藤金勇、一九九八、『聞き書 南氷洋出稼ぎ捕鯨』、無明舎出版
島田勇雄訳注、一九八〇、『本朝食鑑』四、東洋文庫三七八、平凡社
週刊朝日編、一九八一a、『値段の明治大正昭和風俗史』、朝日新聞社

週刊朝日編、一九八一b、『続・値段の明治大正昭和風俗史』、朝日新聞社
週刊朝日編、一九八二、『続続・値段の明治大正昭和風俗史』、朝日新聞社
週刊朝日編、一九八四、『完結・値段の明治大正昭和風俗史』、朝日新聞社
須田慎太郎、一九九五、『鯨を捕る――鯨組の末裔たち』、翔泳社
第一艦隊司令部編、一九三九、『昭和十四年度　第一艦隊献立調理特別努力週間献立集』、第一艦隊司令部
大洋漁業株式会社編、一九五二、『くじら料理のしおり』、大洋漁業株式会社
大洋漁業株式会社捕鯨部編、一九五六、『南氷洋だより』、大洋漁業株式会社捕鯨部
大洋漁業八〇年史編纂委員会編、一九六〇、『大洋漁業八〇年史』、大洋漁業株式会社
高橋順一、一九九二、『鯨の日本文化誌――捕鯨文化の航跡をたどる』、淡交社
高橋順一編、一九八八、『女たちの捕鯨物語――捕鯨とともに生きた一一人の女性』、日本捕鯨協会
高正晴子、一九九五、「料理書に見る鯨料理」、『日本家政学会誌』四六（六）、五五七―五六五頁
高正晴子、二〇一三、『鯨料理の文化史』、エンタイトル出版
多藤省徳、一九八五、『捕鯨の歴史と資料』、水産社
東洋捕鯨株式会社編、一九一〇、『本邦の諸威式捕鯨誌』、東洋捕鯨株式会社（のち複製、一九八九、『明治期日本捕鯨誌』、マツノ書店）
中園成生、二〇〇六、『くじら取りの系譜――概説日本捕鯨史』改訂版、長崎新聞新書〇〇一、長崎新聞社

中園成生・安永浩、二〇〇九、『鯨取り絵物語』、弦書房
日東捕鯨株式会社編、一九八八、『日東捕鯨五〇年史』、日東捕鯨株式会社
日本女子大学校家政学部料理研究室編、一九三八、『戦時家庭経済料理』、桜楓会出版部
日本水産株式会社編、一九四〇、『鯨読本』、日本水産株式会社
日本水産株式会社編、一九六一、『日本水産五〇年史』、日本水産株式会社
日本水産株式会社編、一九八一、『日本水産の七〇年』、日本水産株式会社
日本捕鯨株式会社編、一九八六、『日本捕鯨株式会社三五年史』、日本捕鯨株式会社
原田信男、一九八九、『江戸の料理史――料理本と料理文化』、中公新書九二九、中央公論社
原田信男、二〇〇五a、『和食と日本文化――日本料理の社会史』、小学館
原田信男、二〇〇五b、「魚肉ソーセージと日本の肉食文化」、園田英弘編、『逆欠如の日本生活文化――日本にあるものは世界にあるか』、一三一―一六一頁、思文閣出版
原田信男校註・解説、二〇〇九、『料理百珍集』新装版、八坂書房
日野浩二、二〇〇五、『鯨と生きる――長崎のクジラ商日野浩二の生涯』、長崎文献社
平野雅章訳、一九八八、『料理物語――日本料理の夜明け』、原本現代訳一三一、教育社新書、教育社
フリーマン, ミルトン編、高橋順一他訳、一九八九、『くじらの文化人類学――日本の小型沿岸捕鯨』、海鳴社
村上隆吉、一九一九、「新食料としての鯨肉と其料理法」、『婦人界』三（一〇）、六〇―六三頁
村瀬敬子、二〇〇五、『冷たいおいしさの誕生――日本冷蔵庫一〇〇年』、論創社

森田勝昭、一九九四、『鯨と捕鯨の文化史』、名古屋大学出版会
山下渉登、二〇〇四、『捕鯨Ⅱ』、ものと人間の文化史一二〇―Ⅱ、法政大学出版局

Du Bois, Christine M., Chee-Beng Tan, and Sidney Mintz eds. 2008. *The World of Soy*. Urbana: University of Illinois Press.
Kalland, Arne. 1993. "Whale politics and green legitimacy: A critique of the anti-whaling campaign," *Anthropology Today* 9 (6) : 3-8.
Kalland, Arne. 1994. "Super whale: The use of myths and symbols in environmentalism," in Blichfeldt, Georg ed., *11 Essays on Whales and Man*, 2nd ed. Reinei, Lofoten, Norway: High North Alliance. http://web.archive.org/web/20060622081600/http:/www.highnorth.no/Library/Myths/su-wh-th.htm (Accessed on August 31, 2015)
Scoresby, William. 2011. *An Account of the Arctic Regions: With a History and Description of the Northern Whale-Fishery*. 2 vols. Cambridge library collection, Polar exploration. Cambridge: Cambridge University Press.

日本缶詰びん詰レトルト食品協会魚肉ソーセージ部会、n.d.、「魚肉ハム・ソーセージの生産数量推移」http://www.jca-can.or.jp/~sausage/sausage/tokei.htm（二〇一六年五月三一日取得）

本の捕鯨		日本の水産業と食生活	鯨人
北洋・北西太平洋	沿岸		
	東洋漁業,鮎川に大型鯨体処理場建設.		
	東洋漁業,鮎川にて鯨肉缶詰製造開始.		
	東洋捕鯨株式会社(東洋漁業,長崎捕鯨,大日本捕鯨,帝国水産を統合).鯨猟取締規則,捕鯨船を30隻に限定.	『婦人世界』創刊.	
		明治漁業法公布.帝国水産がカムチャッカから初の冷凍輸送.『婦人界』創刊.	
	東洋捕鯨事業所焼き打ち事件(三戸郡鮫村).		
	東洋捕鯨,室蘭に捕鯨基地設立,北海道での近代捕鯨がはじまる.		
		堤商会,缶詰機械を自動化.『料理之友』創刊.	
		青島で収容したドイツ人捕虜からソーセージ製造の指導をうける.	
	東洋捕鯨,網走に捕鯨事業所開設.		

日本における近代捕鯨110年の歩み（1906－2015）

西暦	和暦	世界の捕鯨と関連事項	IWC* *(　)内の数字は加盟国数.	日 南　氷　洋
1906	明治39			
1907	明治40	諾,アフリカ近海で捕鯨開始. コルセット不要のファッション登場.		
1908	明治41			
1909	明治42	プラスティック（フェノール樹脂）開発.		
1910	明治43			
1911	明治44	ショートニング発売(クリスコ,P&G).		
1912	明治45			
1913	大正2			
1914	大正3			
1915	大正4			

本の捕鯨		日本の水産業と食生活	鯨人
北洋・北西太平洋	沿岸		
	東洋捕鯨が大日本水産,紀伊水産,内外水産,長門捕鯨を買収.	『婦人公論』創刊.	
		『主婦の友』創刊.	
		「新食料としての鯨肉と其料理法」(村上隆吉).	
		『婦人倶楽部』創刊.	
	100マイル以上の沖合でマッコウだけを捕獲する大型捕鯨船4隻を認可.	紀ノ國屋,冷凍機を設置.	
	林兼商店が土佐捕鯨(株)を傘下に.		
	東洋捕鯨が父島に事業場開設.	関東大震災.林兼が魚類の急速冷凍に成功.水産冷蔵奨励規則.中央卸売市場法(公設市場に冷蔵装置の設置が義務づけられる).	
		日本製罐株式会社設立.日本冷凍協会設立.	
		共同漁業会社,北洋水産株式会社を設立し,カニ漁に進出.	
		林兼商会が工船カニ漁に進出.新宿中村屋でカレーライス発売.	

西暦	和暦	世界の捕鯨と関連事項	IWC* *( )内の数字は加盟国数.	日 南　氷　洋
1916	大正5			
1917	大正6			
1919	大正8			
1920	大正9			
1921	大正10			
1922	大正11			
1923	大正12	ラルセンが初めてロス海に入る.		
1924	大正13	諾,スリップウェーによる南氷洋での母船式捕鯨開始.		
1925	大正14			
1926	大正15			
1927	昭和2	南氷洋で操業する母船,急増.マーガリン・ユニ社,設立.		

本の捕鯨		日本の水産業と食生活	鯨人
北洋・北西太平洋	沿岸		
		崎陽軒,シウマイ発売.	
		阪急百貨店開業,食堂でカレーライス販売.	
		宮内省が国産ハムを採用.	
	土佐捕鯨,厚岸に事業所設立.	兎肉,海軍の兵食に採用.	
	ゴンドウ船をミンク船に改造(太地).	共同漁業,船内急速冷凍装置を自社開発.	
	太地の小型捕鯨業者(長谷川熊蔵),鮎川に基地を設立,ミンク漁開始.千頭鯨霊供養塔(鮎川).		池田勉さん,誕生.
	東洋捕鯨が日本捕鯨(株)となり,日本産業(株)に吸収され,日産コンツェルン傘下に.林兼系列の土佐捕鯨が大東捕鯨(株)を買収.マッコウ専門の捕鯨船にもヒゲ鯨の捕獲を許可,総数25隻へ(鯨猟取締規則改正).		

西暦	和暦	世界の捕鯨と関連事項	IWC* *(　)内の数字は加盟国数.	日 南　氷　洋
1928	昭和3			
1929	昭和4	諾,国内法で捕獲規制.		
1930	昭和5	37,438頭を捕獲(シロナガス過去最大のクジラ28,325頭),鯨油が60万t生産され,暴落(1バレル10～25ポンド).ユニリーバ社設立.	捕鯨会議(ベルリン).	
1931	昭和6		ジュネーブ条約(26カ国署名,1936年発効).セミクジラの捕獲禁止.	
1932	昭和7	諾と英の捕鯨会社間で鯨油の生産協定,1930/31生産量の38%減に.クロー(鍵爪)開発.		
1933	昭和8			
1934	昭和9			日本捕鯨,南氷洋に図南丸船団を派遣.

本の捕鯨		日本の水産業と食生活	鯨人
北洋・北西太平洋	沿岸		
		ツナ・ハムの製造成功.冷凍食品普及会設立.林兼,家庭普及品冷凍食品の販売開始.	
	林兼商店が大洋捕鯨(株)へ.日本捕鯨,共同漁業と合併.共同漁業,大洋捕鯨,スマトラ護謨開拓が北洋捕鯨株式会社を設立.	『主婦之友』が冷凍魚の記事を掲載.	
	共同漁業,日本水産(株)に.極洋捕鯨(株),設立.土佐捕鯨,林兼商店捕鯨部に.		
	柳原勝紀が新生丸を建造し,釜石で操業開始.	国家総動員法.水産食料品供給確保施設補助規則施行(冷蔵倉庫への補助).	『戦時家庭経済料理』(日本女子大学校家政学部).
		日本海産物販売株式会社(日海販)を設立.	雪印マーガリン(混成)発売.『鯨読本』(日水).
北洋捕鯨株式会社,図南丸にて操業.	日本水産,父島から兄島に事業場を移転.		
	林兼商店,小笠原諸島沖捕鯨に参入.大洋,択捉に操業基地.		岡崎敏明さん,奥海良悦さん,常岡梅男さん,誕生.
北洋捕鯨,中止.		帝国水産統制会社.	
	日本海洋漁業統制(日水と北洋捕鯨).大洋捕鯨や林兼商店捕鯨部,遠洋捕鯨で西大洋漁業統制.極洋が釧路に事業所.		大西睦子さん,誕生.

西暦	和暦	世界の捕鯨と関連事項	IWC＊ ＊(　)内の数字は加盟国数.	日 南　氷　洋
1935	昭和10			日本捕鯨,第2回南氷洋操業(シロナガス465,ナガス174,ザトウ9,鯨油7,358t).
1936	昭和11	パナマも2船団,出漁.デンマークと独が新規参入し,合計30船団が南氷洋で操業.	ジュネーブ条約発効.	大洋捕鯨の日新丸船団も出漁(図南丸船団と合計2船団).
1937	昭和12		国際捕鯨条約(ロンドン).コククジラ,捕獲禁止.	図南丸,第2図南丸,日新丸,第2日新丸の合計4船団が操業.
1938	昭和13		38年議定書.	極洋捕鯨,極洋丸にて南氷洋捕鯨に参加.日水も第3図南丸を投入し,合計6船団.
1939	昭和14	28船団が南氷洋で操業(独が戦争のため操業中止).		日水,冷凍船・厚生丸,投入.
1940	昭和15			
1941	昭和16			南鯨,中止.
1942	昭和17			
1943	昭和18			

本の捕鯨		日本の水産業と食生活	鯨人
北洋・北西太平洋	沿岸		
大洋捕鯨,小笠原捕鯨再開(2月).			和泉節夫さん,誕生.
	柳原水産社(株).汽船捕鯨取締規則,小型捕鯨の管理へ.極洋も小笠原へ進出.		和泉諄子さん,誕生.岡崎鯨肉店,旦過市場に出店.
		テレビ放送開始.生活改良普及事業.	
	平頭銛の試験操業.日東捕鯨誕生(柳原水産社より).		大洋ホエールズ誕生.
日水と大洋が,極洋に小笠原母船式捕鯨の権利を委譲.	鮎川の捕鯨船がツチクジラの捕獲に成功.日本近海捕鯨(株),創立.		
		生活改善推進方策(農林省).キッチンカー登場(大阪府).	
極洋が小笠原母船式捕鯨廃止し,戦後初の北洋捕鯨に出漁.		マッカーサー・ライン撤廃.北洋母船式鮭鱒漁業再開.全国の小学校で学校給食開始.	日水,ツナ・ソーセージの製造開始(10月).『くじら料理のしおり』(大洋漁業)

西暦	和暦	世界の捕鯨と関連事項	IWC* *(　)内の数字は加盟国数.	日 南　氷　洋
1944	昭和19	諾が1船団を南氷洋に派遣.	英, 米, 諾, 新, 加, 豪が参加して国際捕鯨会議開催.	
1945	昭和20	9船団(諾6,英3) が南氷洋へ.		
1946	昭和21		国際捕鯨取締条約(ICRW) 締結(豪,アルゼンチン,伯,加,チリ,デンマーク,仏,新,蘭,諾,ペルー,南ア,英,米,ソ連).	南氷洋での捕鯨再開(2船団),932BWU(鯨油12,250t,冷凍肉1,832t,塩蔵肉20,334t).
1947	昭和22			
1948	昭和23		国際捕鯨委員会(IWC)設立.	日新丸が南氷洋で初めてマッコウクジラを捕る.
1949	昭和24		IWC1(12:豪,加,仏,ア,蘭,諾,パナマ,南ア,ス,英,米,ソ連).	
1950	昭和25		IWC2(16:伯,デンマーク,メキシコ,新が加盟).	
1951	昭和26		IWC3(17:日本加盟).	日新丸, 図南丸ともに新造船に.極洋,マッコウ船団を派遣.壇一雄が日新丸に乗船.
1952	昭和27	朝鮮戦争が休戦となり,鯨油価格40%暴落.	IWC4(17).	

本 の 捕 鯨		日本の水産業と食生活	鯨 人
北洋・北西太平洋	沿 岸		
		NHK,テレビ放送開始(2月).	第1回鯨まつり,鮎川で開催.大洋漁業,魚肉ハムソーセージ発売.
北洋での試験操業として錦城丸船団が派遣される.	日本近海捕鯨,厚岸に進出.	第5福竜丸,被爆.学校給食法施行.	池田さん,北洋へ.雪印ネオマーガリン発売.
極洋丸,操業.		味噌・醤油の消費量が戦前の水準にもどる.	全国魚肉ソーセージ協会設立(8月,33社).
		学校給食法改正,中学校でも完全給食.	塩化ビニリデン・フィルムが発売.『魚肉ソーセージ』(清水亘).
	日水,網走事業廃止.	「きょうの料理」放送開始.豚枝肉生産量が牛枝肉を越え,豚肉消費増大.	
	大型捕鯨許可隻数と小型捕鯨許可隻数を合計64から25に減船.	インスタントラーメン販売開始.鶏の飼養羽数が戦前の最高を越える.	
日本近海捕鯨と日東捕鯨が北洋漁業に経営参加.			常岡さん,アルバイトとして林兼へ.
北洋捕鯨有限会社設立される.	泉井守一砲手,金剛頂寺(室戸市)に供養塔建立.	コーヒーなどインスタント食品ブーム.ステンレス流し台登場.冷凍すり身生産技術開発.	奥海さん,南氷洋へ.林兼,包装原料を,塩化ビニルデンへ変更.社団法人・日本魚肉ソーセージ協会設立.大洋ホエールズ,日本シリーズ優勝.

西暦	和暦	世界の捕鯨と関連事項	IWC* *(　)内の数字は加盟国数.	日 南　氷　洋
1953	昭和28		IWC5(17).	
1954	昭和29		IWC6(17).	錦城丸が参入し,3船団に.
1955	昭和30	1955/56を最後にパナマ,南氷洋捕鯨から撤退.	IWC7(17).	
1956	昭和31	1956/57を最後に南ア,南氷洋捕鯨から撤退.	IWC8(17).	松島丸(のちの第2図南丸)と第2極洋丸の参入により,5船団に.
1957	昭和32		IWC9(17).	第2日新丸が加わり,6船団に.
1958	昭和33		IWC10(17).原則15,000BWUとするが,58/59は14,500BWUと決定.全出漁国が異議申し立てをし,15,000BWUに.	
1959	昭和34		IWC11(17).第14次(59/60)操業よりオリンピック方式廃止・自主宣言方式.	諾を抜き,世界一に(5,216BWU).
1960	昭和35		IWC12(16:諾,蘭脱退,アルゼンチン加盟).南氷洋母船式捕鯨非出漁国が加盟国の過半数へ.諾,蘭の条約復帰を目的に60/61,61/62は枠廃止,自主宣言.	第3極洋丸の参入で7船団出漁.英国船バリーナ(880BWU)を購入し,5,980BWU宣言(実績5,979).

本の捕鯨 北洋・北西太平洋	沿岸	日本の水産業と食生活	鯨人
		フライパン運動.	常岡さん,林兼に正式入社.魚肉ソーセージの製造,急増(10万tを突破).岡崎さん,鯨肉店を継ぐ.
日東捕鯨が北洋捕鯨に進出,3船団体制(大洋・近海,日水・日東,極洋・北洋)へ.		ひとりあたりの年間米消費量,118.3kgでピーク.	林兼,大阪工場完成.魚肉ハム・ソーセージにJAS規格.鯨肉供給量,史上最大の23万3千t.
ソ連の北洋捕鯨船団が4となり,日本とあわせて合計7船団が操業.			
	小型捕鯨業,整理統合(19隻,50t未満).日東捕鯨が霧多布に事業所設置.		和泉さん,南氷洋出漁.
極洋が沿岸捕鯨から撤退,北洋母船式捕鯨を重点化.		2ドア式冷凍冷蔵庫発売.電気冷蔵庫の世帯普及率が51%を越える.家庭用電子レンジ発売.	林兼,縦型充填機採用,毎分100本に.
北太平洋4カ国IWC委員特別会議.北太平洋のシロナガスとザトウの捕獲禁止.			豊年リーバ,「ラーマ」を発売.

西暦	和暦	世界の捕鯨と関連事項	IWC＊ ＊(　)内の数字は加盟国数.	日 南　氷　洋
1961	昭和36	米ソ,植物油豊作,ペルーのカタクチイワシ豊漁により,鯨油暴落.	IWC13(17:諾,再加盟).3人委員会発足.	諾からコスモス3号購入にともなう自主割当700 BWUを加え,6,680BWUを宣言(実績6574.13B).錦城丸を退かせ,コスモス3号を第3日新丸に.
1962	昭和37	英,1962/63を最後に撤退.	IWC14(18:蘭,再加盟).南氷洋捕鯨規則取極(日,諾,ソ連,英,蘭),国別割当制実施(日33%,諾32%,ソ連20%,英9%,蘭6%).	諾からコスモス4号(4%)と英からサザンベンチュラー号(4%)を枠つきで購入し,41%へ.
1963	昭和38	諾4,蘭1,ソ連4,日本7(合計16).蘭,1963/64を最後に撤退.	IWC15(18).3人委員会報告(I).ザトウ捕獲禁止.国際捕鯨監視員制度の提案.	日,英からサザンハーベスク号(5%枠付)購入.
1964	昭和39	ソ連,北洋にて1964を最後に基地捕鯨停止.	IWC16(18).シロナガス捕獲禁止.捕獲枠決まらず,出漁国間で協議の結果,暫定枠.3人委員会(II=4人委員会)が報告書提出.	蘭からウイリアム・バレンツ号(6%枠付)購入し,4160BWU(実績4,124.66).
1965	昭和40		IWC17(17:スが脱退).	第2日新丸と第2極洋丸が退き,5船団へ減船.
1966	昭和41		IWC18(17).捕獲枠,%表示から頭数表示へ.	図南丸を減船し,4船団に.

本　の　捕　鯨		日本の水産業と食生活	鯨　人
北洋・北西太平洋	沿　岸		
	7隻の小型捕鯨許可を400tの大型捕鯨船許可に転換. 小型捕鯨船,47.99tへ.ミンクの試験操業.日本近海捕鯨, 稚内に鯨体処理場設置.		池田さん, 船を降りる. 徳家, 創業. 食肉ソーセージが魚肉ソーセージの生産をうわまわる.
	700tの大型捕鯨船が沿岸で操業開始.	小笠原諸島返還.日本,西ドイツを抜き,世界第2の経済大国へ.全国冷凍魚肉協会設立.	雪印ネオマーガリンソフト発売.
	小型捕鯨再編. 太地町立くじらの博物館開館.		
北太平洋捕鯨規則協定締結(日,米,ソ).	日本捕鯨(株),日本近海捕鯨から社名変更.	KFC登場.動物性タンパク質摂取の構成比で畜産物が水産物をうわまわる.スケトウダラの冷凍スリ身技術開発.	岡崎さん,おでん屋・焼き肉屋開業.
北太平洋捕鯨規則協定(マッコウを除く鯨種の捕獲頭数枠を附表にて設定).	(株)極洋,極洋捕鯨(株)から社名変更.沿岸捕鯨もIWCの管理下に.	マクドナルド第1号店.水産物の輸入額が輸出額を超える.	コバルトライン開通(鮎川).ハム,ベーコン,ソーセージが輸入自由化.
マッコウの体長制限緩和と雄雌捕獲枠を附表にて設定(国別割当協定).		日本,漁業生産,世界一(1000万t突破).	奥海さん,鉱石採取運搬船(第2極洋丸).魚ソ生産,史上最大の18万t. マーガリンJAS改正(原料油脂の明記).

西暦	和暦	世界の捕鯨と関連事項	IWC* *( )内の数字は加盟国数.	日 南氷洋
1967	昭和42	加,基地式捕鯨を1967で終了.ソ連,北洋で最多の12,615頭を捕獲.	IWC19(16:伯,脱退).	
1968	昭和43		IWC20(16).	3船団.
1969	昭和44		IWC21(16).	
1970	昭和45		IWC22(14:蘭・新,脱退).	
1971	昭和46	米,プロジェクト・ヨナ設立.IWCで同代表が捕鯨中止を訴える.米,サンオイル社が潤滑油の新製品開発.	IWC23(14).	大洋が規制外のミンク漁に着手し,4船団にもどる(~74/75).
1972	昭和47	第1回国連人間環境会議にて捕鯨モラトリウム勧告採択.米,海洋哺乳動物保護法,捕鯨から撤退.諾,南氷洋母船式捕鯨から全面撤退.	IWC24(14).BWU廃止,鯨種別割り当て.ミンクとマッコウの規制(マッコウは雌雄別規制も導入).国際監視員制度採用.	ミンクの規制開始.

本 の 捕 鯨		日本の水産業と食生活	鯨 人
北洋・北西太平洋	沿 岸		
マッコウクジラの捕獲頭数,雌雄別頭数へ.			
		セブンイレブン第1号店(豊洲店).	AF2,使用禁止に.すり身価格急騰.
	日本捕鯨,稚内事業所廃止.		魚ソ原料を鯨肉からマトン肉に順次,転換.
北太平洋のナガス・イワシ,禁漁.第3極洋丸と調査船1隻をふくむキャッチャーボート9隻の1船団.	ヒゲ鯨の操業4月〜9月,マッコウは8月〜翌年3月へ.	国民ひとりあたりの動物性蛋白の摂取量で,水産物が過半数を割る.	鯨肉生産が10万tを割る(76,000t).
ミンクの捕獲枠設定(日本のみ,541頭).	沿岸のミンクに捕獲枠(日本3,日東3,三洋1).		
			大洋ホエールズから横浜大洋ホエールズへ.魚ソ生産が10万tを割る(90,139t).
		IWC非加盟国からの鯨肉の輸入を禁止.	

西暦	和暦	世界の捕鯨と関連事項	IWC＊ ＊(　)内の数字は加盟国数.	日 南　氷　洋
1973	昭和48		IWC25 (14).南氷洋のナガスの捕獲枠を1450頭,3年以内に0へ.ミンクは日ソが異議申し立て.自主的に4,000頭とする.	
1974	昭和49		IWC26(15:伯,再加盟).	
1975	昭和50		IWC27(15).豪が鯨類資源の新管理方式(NPM)提案,成立.	
1976	昭和51		IWC28(16:新,再加盟).南半球のナガス禁漁.	日本共同捕鯨株式会社設立.2船団を派遣.ナガス,捕獲禁止.
1977	昭和52	米ソ,200海里.	IWC29(17:蘭,再再加盟).	共同捕鯨,母船2隻と捕鯨船6隻を処分し,人員も整理.1船団の派遣.
1978	昭和53		IWC30(17).南半球のイワシ禁漁.IWC本会議にNGOがオブザーバー参加可.日本代表団に赤い染料水が投げられる.	イワシ,捕獲禁止.
1979	昭和54	豪州,捕鯨撤退.米,PM法成立.	IWC31(23:ス再加盟,チリ,韓国,ペルー,セイシェル,スペインが加盟).インド洋が鯨類のサンクチュアリー化.	

本　の　捕　鯨		日本の水産業と食生活	鯨　人
北洋・北西太平洋	沿　岸		
北洋での母船操業停止(ソ連も同様に停止).	北洋での母船操業禁止をうけ, ニタリクジラの捕獲枠が増加し, 許可隻数は8隻となった. 米人ケイト, 壱岐でイルカを開放.		
	マッコウの捕獲枠, 大幅削減, 大型船の減船.	『美味しんぼ』連載開始.	奥海さん, 英彦丸(トロール船)勤務.
	日米捕鯨協議.		
	「異議申し立て」を取りさげる.	激辛ブーム.	奥海さん, はなぞの丸・英彦丸勤務. 鯨肉生産1万tを割る(6,000t).

西暦	和暦	世界の捕鯨と関連事項	IWC* *( )内の数字は加盟国数.	日 南氷洋
1980	昭和55		IWC32(24:パナマ脱退,オマーン,スイス加盟).	マッコウ,捕獲禁止.ミンクを除いて母船操業禁止.
1981	昭和56		IWC33(32:中国,印,ジャマイカ,セントルシア,セントビンセント,ウルグアイ,コスタリカ,ドミニカ加盟).マッコウ枠,未決定.	
1982	昭和57	第2回国連人間環境会議(ナイロビ).国連海洋法締結.	IWC34(39:カナダ脱退,アンチグアバーブーダ,ベリーズ,エジプト,西独,ケニア,モナコ,フィリピン,セネガル加盟).商業捕鯨のモラトリアム採択(日,諾,ソ,ペルー,アイスランド異議申し立て).	
1983	昭和58		IWC35(40:ドミニカ脱退,フィンランドとモーリシャス加盟).	
1984	昭和59		IWC36(39:ジャマイカ脱退).	
1985	昭和60	ソ連が1988年以降の捕鯨を自主的に中止と宣言.日米合意にもとづき,日本は異議申し立て撤回を条件に2漁期出漁することに.	IWC37(41:アイルランドとソロモン諸島加盟).	
1986	昭和61	アがナガスとイワシの調査捕鯨を実施.	IWC38(41).	

本　の　捕　鯨		日本の水産業と食生活	鯨　　人
北洋・北西太平洋	沿　　岸		
	12月25日,鮎川にマッコウの最後の水揚げ.	200万tの水産物輸入.(財)日本鯨類研究所設立.電子レンジの世帯普及率50%を越える.	岡崎さん,井筒屋出店(10月).秋山庄太郎と雁屋哲が「クジラ食文化を守る会」を設立.
	イルカ漁,自由操業から県知事許可漁業に移行.捕獲枠も1987年以前の水準に戻す.		和泉さん,外房捕鯨へ.
			おしかホウェールランド会館(鮎川).
			鯨研,鮎川に実験場.
		大洋漁業,マルハ株式会社に社名変更.	横浜ベイスターズへ名称変更.Super Whale(カッラン).
JARPN(〜'99).			
		食料安全保障のための漁業の持続的貢献に関する国際会議(京都会議,12月).	『徳家秘伝　鯨料理の本』.大西さん,フェロー諸島へ.『鯨組の末裔たち』(須田慎太郎).

西暦	和暦	世界の捕鯨と関連事項	IWC＊ ＊(　)内の数字は加盟国数.	日 南　氷　洋
1987	昭和62		IWC39(41).	共同捕鯨解散(10月末),共同船舶株式会社(11月5日).JARPA開始,ミンククジラ300頭±10%.
1988	昭和63	諾,ミンクの調査捕鯨を実施.	IWC40(38:ベリーズ,フィリピン,モーリシャス脱退).	
1989	平成元		IWC41(37:エジプト脱退).	
1990	平成2		IWC42(36:ソロモン諸島脱退).	
1991	平成3		IWC43(36:ウルグアイ脱退,エクアドル加盟).	
1992	平成4	アイスランド,諾,グリーンランド自治政府,フェロー諸島自治政府がNAMMCO(北大西洋海産ほ乳動物保存委員会)設立.国連環境開発会議.	IWC44(38:ア脱退,セントキッツとヴェネズエラ加盟,ドミニカ再加盟).科学委員会にてRMPが完成.	
1993	平成5	諾,商業捕鯨再開.	IWC45(40:グレナダ加盟,ソロモン諸島再加盟).	
1994	平成6	国連海洋法条約発効.	IWC46(40: エクアドル脱退,オーストリア加盟).南大洋サンクチュアリー採択.RMP採択.	
1995	平成7	持続可能な農業プログラム(ユニリーバ).	IWC47(40).	JARPAでミンク400頭±10%へ(～2004).

本の捕鯨		日本の水産業と食生活	鯨人
北洋・北西太平洋	沿岸		
		MSC(海洋管理協議会)設立.	
			『鯨捕りの海』.
JARPNII(ミンククジラ100,ニタリクジラ50,マッコウクジラ10)).			
	定置網で混獲されたヒゲ鯨類の販売が許可(7月).		
JARPNII, 沖合調査にイワシクジラ50頭を追加.	JARPNIIで,沿岸調査も実施(釧路沖,50頭).		和泉さん,外房捕鯨退社.奥海さん,日新丸を降りる.
	JARPNII, 沿岸調査,三陸沖50頭(鮎川)		岡崎さん,脳梗塞で倒れる.
	JARPNII, 沿岸調査,釧路沖(60頭).		
	JARPNII,釧路と鮎川での沿岸調査も実施(ミンク120頭).		和泉さん,勝丸へ.

西暦	和暦	世界の捕鯨と関連事項	IWC* *( )内の数字は加盟国数.	日 南氷洋
1996	平成8		IWC48(39:セイシェル脱退).	
1997	平成9		IWC49(39).	
1998	平成10		IWC50(40:イタリア加盟).	
1999	平成11		IWC51(40).マスコミの本会議取材が許可される.	
2000	平成12		IWC52(40:ヴェネズエラ脱退,ギニア加盟).	
2001	平成13		IWC53(42:モロッコ加盟,パナマ再加盟).	
2002	平成14		IWC54(49:ア再加盟,サン・マリノ,ベニン,ガボン,モンゴル,パラオ,ポルトガル加盟).	
2003	平成15	アイスランドがミンククジラを対象に調査捕鯨開始.	IWC55(51:ニカラグア加盟,ベリーズ再加盟).	
2004	平成16	RSPO(持続可能なパーム油のための円卓会議)設立.	IWC56(57:ベルギー,コートジボワール,ハンガリー,モーリタニア,スリナム,ツバル加盟).	
2005	平成17		IWC57(66:カメルーン,チェコ,ガンビア,キリバス,ルクセンブルク,マリ,ナウル,スロバキア,トーゴ加盟).	JARPAII(ミンク850頭±10%).

本　の　捕　鯨		日本の水産業と食生活	鯨　　人
北洋・北西太平洋	沿　　岸		
		(株)マルハニチロHD.	
	ハナゴンドウにかわりオキゴンドウの捕獲許可.		和泉さん,勝丸を降りる.『煙る鯨影』(駒村吉重).
		豪が調査捕鯨の中止をもとめて国際司法裁判所に提訴.	
			東日本大震災.
		アマゾンJP,鯨肉の販売中止.	
JARPNII縮小.		楽天,鯨肉販売中止.	

ェーデン，新＝ニュージーランド，諾＝ノルウェー，伯＝ブラジルなど.

西暦	和暦	世界の捕鯨と関連事項	IWC* *(　)内の数字は加盟国数.	日 南　氷　洋
2006	平成18	アが商業捕鯨再開.	IWC58(70:カンボジア,グアテマラ,イスラエル,マーシャル諸島加盟).セントキッツ・ネーヴィス宣言.	
2007	平成19		IWC59(77:エクアドル再加盟,ギリシャ,クロアチア,キプロス,ギニアビサウ,ラオス,スロベニア加盟).	
2008	平成20		IWC60(81:コンゴ共和国,ルーマニア,タンザニア,ウルグアイ加盟).	
2009	平成21		IWC61(85: エリトリア,エストニア, リトアニア,ポーランド加盟)	
2010	平成22		IWC62(88: ガーナ, ブルガリア,ドミニカ共和国加盟).	
2011	平成23		IWC63(89:コロンビア加盟).	第24次JARPAの切り上げ(2/28).
2012	平成24		IWC64(89).次回総会以降,隔年開催.	
2013	平成25			
2014	平成26		IWC65 (88:ギリシャ脱退).	ICJ判決.目視調査のみ実施.
2015	平成27			NEWREP-A実施(ミンク333頭).

（出典）　種々の資料より筆者作成.

（注）　国名の略称は，ア＝アイスランド，印＝インド，蘭＝オランダ，加＝カナダ，ス＝スウ

著者紹介

一九六七年、大分県に生まれる
一九九六年、フィリピン大学大学院人文学研究科修了（フィリピン学博士）
現在、一橋大学大学院社会学研究科教授

主要編著書

『ナマコを歩く――現場から考える生物多様性と文化多様性』（新泉社、二〇一〇年）
『クジラを食べていたころ――聞き書き　高度経済成長期の食とくらし』（編、グローバル社会を歩く研究会、二〇一一年）
『グローバル社会を歩く――かかわりの人間文化学』（編、新泉社、二〇一三年）
『バナナが高かったころ――聞き書き　高度経済成長期の食とくらし　2』（編、グローバル社会を歩く研究会、二〇一三年）
『高級化するエビ・簡便化するエビ――グローバル時代の冷凍食』（共著、グローバル社会を歩く研究会、二〇一四年）

歴史文化ライブラリー
445

鯨を生きる
鯨人《くじらびと》の個人史・鯨食の同時代史

二〇一七年（平成二十九）三月一日　第一刷発行

著　者　赤《あか》嶺《みね》　淳《じゅん》
発行者　吉川道郎
発行所　株式会社　吉川弘文館
東京都文京区本郷七丁目二番八号
郵便番号一一三―〇〇三三
電話〇三―三八一三―九一五一〈代表〉
振替口座〇〇一〇〇―五―二四四
http://www.yoshikawa-k.co.jp/
印刷＝株式会社 平文社
製本＝ナショナル製本協同組合
装幀＝清水良洋・陳湘婷

ISBN978-4-642-05845-2

歴史文化ライブラリー

1996.10

刊行のことば

現今の日本および国際社会は、さまざまな面で大変動の時代を迎えておりますが、近づきつつある二十一世紀は人類史の到達点として、物質的な繁栄のみならず文化や自然・社会環境を謳歌できる平和な社会でなければなりません。しかしながら高度成長・技術革新にともなう急激な変貌は「自己本位な刹那主義」の風潮を生みだし、先人が築いてきた歴史や文化に学ぶ余裕もなく、いまだ明るい人類の将来が展望できていないようにも見えます。このような状況を踏まえ、よりよい二十一世紀社会を築くために、人類誕生から現在に至る「人類の遺産・教訓」としてのあらゆる分野の歴史と文化を「歴史文化ライブラリー」として刊行することといたしました。

小社は、安政四年（一八五七）の創業以来、一貫して歴史学を中心とした専門出版社として書籍を刊行しつづけてまいりました。その経験を生かし、学問成果にもとづいた本叢書を刊行し社会的要請に応えて行きたいと考えております。

現代は、マスメディアが発達した高度情報化社会といわれますが、私どもはあくまでも活字を主体とした出版こそ、ものの本質を考える基礎と信じ、本叢書をとおして社会に訴えてまいりたいと思います。これから生まれでる一冊一冊が、それぞれの読者を知的冒険の旅へと誘い、希望に満ちた人類の未来を構築する糧となれば幸いです。

吉川弘文館

歴史文化ライブラリー

近・現代史

- 五稜郭の戦い 蝦夷地の終焉 — 菊池勇夫
- 幕末明治 横浜写真館物語 — 斎藤多喜夫
- 水戸学と明治維新 — 吉田俊純
- 大久保利通と明治維新 — 佐々木 克
- 旧幕臣の明治維新 沼津兵学校とその群像 — 樋口雄彦
- 維新政府の密偵たち 御庭番と警察のあいだ — 大日方純夫
- 明治維新と豪農 古橋暉皃の生涯 — 高木俊輔
- 京都に残った公家たち 華族の近代 — 刑部芳則
- 文明開化 失われた風俗 — 百瀬 響
- 西南戦争 戦争の大義と動員される民衆 — 猪飼隆明
- 大久保利通と東アジア 国家構想と外交戦略 — 勝田政治
- 自由民権運動の系譜 近代日本の言論の力 — 稲田雅洋
- 明治の政治家と信仰 クリスチャン民権家の肖像 — 小川原正道
- 日赤の創始者 佐野常民《つねたみ》 — 吉川龍子
- 文明開化と差別 — 今西 一
- アマテラスと天皇 〈政治シンボル〉の近代史 — 千葉 慶
- 大元帥と皇族軍人 明治編 — 小田部雄次
- 明治の皇室建築 国家が求めた〈和風〉像 — 小沢朝江
- 皇居の近現代史 開かれた皇室像の誕生 — 河西秀哉
- 明治神宮の出現 — 山口輝臣
- 神都物語 伊勢神宮の近現代史 — ジョン・ブリーン
- 日清・日露戦争と写真報道 戦場を駆ける写真師たち — 井上祐子
- 博覧会と明治の日本 — 國 雄行
- 公園の誕生 — 小野良平
- 啄木短歌に時代を読む — 近藤典彦
- 鉄道忌避伝説の謎 汽車が来た町、来なかった町 — 青木栄一
- 軍隊を誘致せよ 陸海軍と都市形成 — 松下孝昭
- 家庭料理の近代 — 江原絢子
- お米と食の近代史 — 大豆生田 稔
- 日本酒の近現代史 酒造地の誕生 — 鈴木芳行
- 失業と救済の近代史 — 加瀬和俊
- 近代日本の就職難物語 「高等遊民」になるけれど — 町田祐一
- 選挙違反の歴史 ウラからみた日本の一〇〇年 — 季武嘉也
- 海外観光旅行の誕生 — 有山輝雄
- 関東大震災と戒厳令 — 松尾章一
- モダン都市の誕生 大阪の街・東京の街 — 橋爪紳也
- 激動昭和と浜口雄幸 — 川田 稔
- 昭和天皇とスポーツ 〈玉体〉の近代史 — 坂上康博
- 昭和天皇側近たちの戦争 — 茶谷誠一
- 大元帥と皇族軍人 大正・昭和編 — 小田部雄次
- 海軍将校たちの太平洋戦争 — 手嶋泰伸

歴史文化ライブラリー

植民地建築紀行 満洲・朝鮮・台湾を歩く——西澤泰彦
帝国日本と植民地都市——橋谷　弘
稲の大東亜共栄圏 帝国日本の〈緑の革命〉——藤原辰史
地図から消えた島々 幻の日本領と南洋探検家たち——長谷川亮一
日中戦争と汪兆銘《おうちょうめい》——小林英夫
自由主義は戦争を止められるのか 芦田均・清沢洌・石橋湛山——上田美和
モダン・ライフと戦争 スクリーンのなかの女性たち——宜野座菜央見
彫刻と戦争の近代——平瀬礼太
軍用機の誕生 日本軍の航空戦略と技術開発——水沢　光
首都防空網と〈空都〉多摩——鈴木芳行
陸軍登戸研究所と謀略戦 科学者たちの戦争——渡辺賢二
帝国日本の技術者たち——沢井　実
〈いのち〉をめぐる近代史 堕胎から人工妊娠中絶へ——岩田重則
強制された健康 日本ファシズム下の生命と身体——藤野　豊
戦争とハンセン病——藤野　豊
「自由の国」の報道統制 大戦下の日系ジャーナリズム——水野剛也
敵国人抑留 戦時下の外国民間人——小宮まゆみ
銃後の社会史 戦死者と遺族——一ノ瀬俊也
海外戦没者の戦後史 遺骨帰還と慰霊——浜井和史
国民学校 皇国の道——戸田金一
学徒出陣 戦争と青春——蜷川壽惠
〈近代沖縄〉の知識人 島袋全発の軌跡——屋嘉比　収
沖縄戦 強制された「集団自決」——林　博史
原爆ドーム 物産陳列館から広島平和記念碑へ——頴原澄子
戦後政治と自衛隊——佐道明広
米軍基地の歴史 世界ネットワークの形成と展開——林　博史
沖縄 占領下を生き抜く 軍用地・通貨・毒ガス——川平成雄
昭和天皇退位論のゆくえ——冨永　望
紙　芝　居 街角のメディア——山本武利
団塊世代の同時代史——天沼　香
鯨を生きる 鯨人の個人史・鯨食の同時代史——赤嶺　淳
丸山真男の思想史学——板垣哲夫
文化財報道と新聞記者——中村俊介

文化史・誌

落書きに歴史をよむ——三上喜孝
霊場の思想——佐藤弘夫
四国遍路 さまざまな祈りの世界——星野英紀・浅川泰宏
跋扈《ばっこ》する怨霊 祟りと鎮魂の日本史——山田雄司
将門伝説の歴史——樋口州男
藤原鎌足、時空をかける 変身と再生の日本史——黒田　智
変貌する清盛 『平家物語』を書きかえる——樋口大祐
鎌倉　古寺を歩く 宗教都市の風景——松尾剛次

歴史文化ライブラリー

空海の文字とことば——岸田知子
鎌倉大仏の謎——塩澤寛樹
日本禅宗の伝説と歴史——中尾良信
水墨画にあそぶ 禅僧たちの風雅——高橋範子
日本人の他界観——久野　昭
観音浄土に船出した人びと 熊野と補陀落渡海——根井　浄
殺生と往生のあいだ 中世仏教と民衆生活——苅米一志
浦島太郎の日本史——三舟隆之
戒名のはなし——藤井正雄
墓と葬送のゆくえ——森　謙二
仏画の見かた 描かれた仏たち——中野照男
ほとけを造った人びと 止利仏師から運慶・快慶まで——根立研介
〈日本美術〉の発見 岡倉天心がめざしたもの——吉田千鶴子
祇園祭 祝祭の京都——川嶋將生
洛中洛外図屛風 つくられた〈京都〉を読み解く——小島道裕
茶の湯の文化史 近世の茶人たち——谷端昭夫
時代劇と風俗考証 やさしい有職故実入門——二木謙一
化粧の日本史 美意識の移りかわり——山村博美
乱舞の中世 白拍子・乱拍子・猿楽——沖本幸子
神社の本殿 建築にみる神の空間——三浦正幸
古建築修復に生きる 屋根職人の世界——原田多加司
古建築を復元する 過去と現在の架け橋——海野　聡
大工道具の文明史 日本・中国・ヨーロッパの建築技術——渡邉　晶
苗字と名前の歴史——坂田　聡
日本人の姓・苗字・名前 人名に刻まれた歴史——大藤　修
読みにくい名前はなぜ増えたか——佐藤　稔
数え方の日本史——三保忠夫
大相撲行司の世界——根間弘海
日本料理の歴史——熊倉功夫
吉兆　湯木貞一 料理の道——末廣幸代
日本の味　醤油の歴史——林　玲子・天野雅敏編
天皇の音楽史 古代・中世の帝王学——豊永聡美
流行歌の誕生 「カチューシャの唄」とその時代——永嶺重敏
話し言葉の日本史——野村剛史
日本語はだれのものか——川口　良・角田史幸
「国語」という呪縛 国語から日本語へ、そして〇〇語へ——川口　良・角田史幸
柳宗悦と民藝の現在——松井　健
遊牧という文化 移動の生活戦略——松井　健
マザーグースと日本人——鷲津名都江
金属が語る日本史 銭貨・日本刀・鉄炮——齋藤　努
書物に魅せられた英国人 フランク・ホーレーと日本文化——横山　學
災害復興の日本史——安田政彦

歴史文化ライブラリー

夏が来なかった時代 歴史を動かした気候変動――桜井邦朋

民俗学・人類学

日本人の誕生 人類はるかなる旅――埴原和郎

倭人への道 人骨の謎を追って――中橋孝博

神々の原像 祭祀の小宇宙――新谷尚紀

女人禁制――鈴木正崇

役行者と修験道の歴史――宮家 準

鬼の復権――萩原秀三郎

幽霊 近世都市が生み出した化物――髙岡弘幸

雑穀を旅する――増田昭子

川は誰のものか 人と環境の民俗学――菅 豊

名づけの民俗学 地名・人名はどう命名されてきたか――田中宣一

番と衆 日本社会の東と西――福田アジオ

記憶すること・記録すること 聞き書き論ノート――香月洋一郎

番茶と日本人――中村羊一郎

踊りの宇宙 日本の民族芸能――三隅治雄

日本の祭りを読み解く――真野俊和

柳田国男 その生涯と思想――川田 稔

海のモンゴロイド ポリネシア人の祖先をもとめて――片山一道

世界史

中国古代の貨幣 お金をめぐる人びとと暮らし――柿沼陽平

黄金の島 ジパング伝説――宮崎正勝

琉球と中国 忘れられた冊封使――原田禹雄

古代の琉球弧と東アジア――山里純一

アジアのなかの琉球王国――高良倉吉

琉球国の滅亡とハワイ移民――鳥越皓之

イングランド王国と闘った男 ジェラルド・オブ・ウェールズの時代――桜井俊彰

魔女裁判 魔術と民衆のドイツ史――牟田和男

フランスの中世社会 王と貴族たちの軌跡――渡辺節夫

ヒトラーのニュルンベルク 第三帝国の光と闇――芝 健介

人権の思想史――浜林正夫

グローバル時代の世界史の読み方――宮崎正勝

考古学

タネをまく縄文人 最新科学が覆す農耕の起源――小畑弘己

農耕の起源を探る イネの来た道――宮本一夫

O脚だったかもしれない縄文人 人骨は語る――谷畑美帆

老人と子供の考古学――山田康弘

〈新〉弥生時代 五〇〇年早かった水田稲作――藤尾慎一郎

交流する弥生人 金印国家群の時代の生活誌――高倉洋彰

樹木と暮らす古代人 木製品が語る弥生・古墳時代――樋上 昇

古 墳――土生田純之

東国から読み解く古墳時代――若狭 徹

歴史文化ライブラリー

神と死者の考古学 古代のまつりと信仰——笹生 衛
国分寺の誕生 古代日本の国家プロジェクト——須田 勉
銭の考古学——鈴木公雄

古代史

邪馬台国 魏使が歩いた道——丸山雍成
邪馬台国の滅亡 大和王権の征服戦争——若井敏明
日本語の誕生 古代の文字と表記——沖森卓也
日本国号の歴史——小林敏男
古事記のひみつ 歴史書の成立——三浦佑之
日本神話を語ろう イザナキ・イザナミの物語——中村修也
東アジアの日本書紀 歴史書の誕生——遠藤慶太
〈聖徳太子〉の誕生——大山誠一
倭国と渡来人 交錯する「内」と「外」——田中史生
大和の豪族と渡来人 葛城・蘇我氏と大伴・物部氏——加藤謙吉
白村江の真実 新羅王・金春秋の策略——中村修也
よみがえる古代山城 国際戦争と防衛ライン——向井一雄
古代豪族と武士の誕生——森 公章
飛鳥の宮と藤原京 よみがえる古代王宮——林部 均
出雲国誕生——大橋泰夫
古代出雲——前田晴人
エミシ・エゾからアイヌへ——児島恭子
古代の皇位継承 天武系皇統は実在したか——遠山美都男
持統女帝と皇位継承——倉本一宏
古代天皇家の婚姻戦略——荒木敏夫
高松塚・キトラ古墳の謎——山本忠尚
壬申の乱を読み解く——早川万年
家族の古代史 恋愛・結婚・子育て——梅村恵子
万葉集と古代史——直木孝次郎
地方官人たちの古代史 律令国家を支えた人びと——中村順昭
古代の都はどうつくられたか 中国・日本・朝鮮・渤海——吉田 歓
平城京に暮らす 天平びとの泣き笑い——馬場 基
平城京の住宅事情 貴族はどこに住んだのか——近江俊秀
すべての道は平城京へ 古代国家の〈支配の道〉——市 大樹
都はなぜ移るのか 遷都の古代史——仁藤敦史
聖武天皇が造った都 難波宮・恭仁宮・紫香楽宮——小笠原好彦
悲運の遣唐僧 円載の数奇な生涯——佐伯有清
遣唐使の見た中国——古瀬奈津子
古代の女性官僚 女官の出世・結婚・引退——伊集院葉子
平安朝 女性のライフサイクル——服藤早苗
平安京のニオイ——安田政彦
平安京の災害史 都市の危機と再生——北村優季
平安京はいらなかった 古代の夢を喰らう中世——桃崎有一郎

歴史文化ライブラリー

- 天台仏教と平安朝文人——後藤昭雄
- 藤原摂関家の誕生 平安時代史の扉——米田雄介
- 安倍晴明 陰陽師たちの平安時代——繁田信一
- 平安時代の死刑 なぜ避けられたのか——戸川 点
- 古代の神社と祭り——三宅和朗
- 時間の古代史 霊鬼の夜、秩序の昼——三宅和朗

中世史

- 源氏と坂東武士——野口 実
- 熊谷直実 中世武士の生き方——高橋 修
- 頼朝と街道 鎌倉政権の東国支配——木村茂光
- 鎌倉源氏三代記 一門・重臣と源家将軍——永井 晋
- 鎌倉北条氏の興亡——奥富敬之
- 三浦一族の中世——高橋秀樹
- 都市鎌倉の中世史 吾妻鏡の舞台と主役たち——秋山哲雄
- 源 義経——元木泰雄
- 弓矢と刀剣 中世合戦の実像——近藤好和
- 騎兵と歩兵の中世史——近藤好和
- その後の東国武士団 源平合戦以後——関 幸彦
- 声と顔の中世史 戦さと訴訟の場景より——蔵持重裕
- 運 慶 その人と芸術——副島弘道
- 乳母の力 歴史を支えた女たち——田端泰子
- 荒ぶるスサノヲ、七変化〈中世神話〉の世界——斎藤英喜
- 曽我物語の史実と虚構——坂井孝一
- 親 鸞——平松令三
- 親鸞と歎異抄——今井雅晴
- 神や仏に出会う時 中世びとの信仰と絆——大喜直彦
- 神風の武士像 蒙古合戦の真実——関 幸彦
- 鎌倉幕府の滅亡——細川重男
- 足利尊氏と直義 京の夢、鎌倉の夢——峰岸純夫
- 高 師直 室町新秩序の創造者——亀田俊和
- 新田一族の中世 「武家の棟梁」への道——田中大喜
- 地獄を二度も見た天皇 光厳院——飯倉晴武
- 東国の南北朝動乱 北畠親房と国人——伊藤喜良
- 南朝の真実 忠臣という幻想——亀田俊和
- 中世の巨大地震——矢田俊文
- 大飢饉、室町社会を襲う!——清水克行
- 贈答と宴会の中世——盛本昌広
- 中世の借金事情——井原今朝男
- 庭園の中世史 足利義政と東山山荘——飛田範夫
- 土一揆の時代——神田千里
- 山城国一揆と戦国社会——川岡 勉
- 中世武士の城——齋藤慎一

歴史文化ライブラリー

江戸時代の孝行者「孝義録」の世界——菅野則子
死者のはたらきと江戸時代 遺訓・家訓・辞世——深谷克己
近世の百姓世界——白川部達夫
江戸の寺社めぐり 鎌倉・江ノ島・お伊勢さん——原 淳一郎
宿場の日本史 街道に生きる——宇佐美ミサ子
江戸のパスポート 旅の不安はどう解消されたか——柴田 純
〈身売り〉の日本史 人身売買から年季奉公へ——下重 清
江戸の捨て子たち その肖像——沢山美果子
江戸の乳と子ども いのちをつなぐ——沢山美果子
歴史人口学で読む江戸日本——浜野 潔
それでも江戸は鎖国だったのか オランダ宿 日本橋長崎屋——片桐一男
江戸の文人サロン 知識人と芸術家たち——揖斐 高
エトロフ島 つくられた国境——菊池勇夫
江戸時代の医師修業 学問・学統・遊学——海原 亮
江戸の流行り病 麻疹騒動はなぜ起こったのか——鈴木則子
江戸幕府の日本地図 国絵図・城絵図・日本図——川村博忠
都市図の系譜と江戸——小澤 弘
江戸の地図屋さん 販売競争の舞台裏——俵 元昭
近世の仏教 華ひらく思想と文化——末木文美士
江戸時代の遊行聖——圭室文雄
ある文人代官の幕末日記 林鶴梁の日常——保田晴男
松陰の本棚 幕末志士たちの読書ネットワーク——桐原健真
幕末の世直し 万人の戦争状態——須田 努
幕末の海防戦略 異国船を隔離せよ——上白石 実
江戸の海外情報ネットワーク——岩下哲典
黒船がやってきた 幕末の情報ネットワーク——岩田みゆき
幕末日本と対外戦争の危機 下関戦争の舞台裏——保谷 徹

各冊一七〇〇円～一九〇〇円（いずれも税別）
▽残部僅少の書目も掲載してあります。品切の節はご容赦下さい。